本书系2022年江苏省“青蓝工程”资助项目

大数据背景下煤矿安全管理

效率分析及提升仿真研究

乔万冠 著

U0325510

郑州大学出版社

图书在版编目(CIP)数据

大数据背景下煤矿安全管理效率分析及提升仿真研究 / 乔万冠著. — 郑州 : 郑州大学出版社, 2023.3
ISBN 978-7-5645-9400-8

Ⅰ. ①大… Ⅱ. ①乔… Ⅲ. ①煤矿 - 安全管理 - 研究 Ⅳ. ①TD7

中国国家版本馆 CIP 数据核字(2023)第 020202 号

大数据背景下煤矿安全管理效率分析及提升仿真研究
DASHUJU BEIJING XIA MEIKUANG ANQUAN GUANLI XIAOLÜ FENXI JI TISHENG FANGZHEN YANJIU

策划编辑	胥丽光	封面设计	王　微
责任编辑	孙　泓	版式设计	张伟妍
责任校对	吴　静	责任监制	李瑞卿

出版发行	郑州大学出版社	地　　址	郑州市大学路 40 号(450052)
出 版 人	孙保营	网　　址	http://www.zzup.cn
经　　销	全国新华书店	发行电话	0371-66966070
印　　刷	广东虎彩云印刷有限公司		
开　　本	710 mm×1 010 mm　1 / 16		
印　　张	12.25	字　　数	215 千字
版　　次	2023 年 3 月第 1 版	印　　次	2023 年 3 月第 1 次印刷

书　　号	ISBN 978-7-5645-9400-8	定　　价	56.00 元

本书如有印装质量问题,请与本社联系调换。

目录

1 绪论

1.1 我国煤矿安全发展趋势

(1)煤炭在短中期内仍是中国的主要能源

为了节能减排,降低碳排放的数量,中国从2016年开始尝试降低煤炭在一次性能源消费中的比例。然而中国的煤炭资源十分丰富,但石油和天然气匮乏,这种能源结构决定了中国以煤炭为主的能源格局短期不会改变。同时,煤炭是中国经济发展的重要保障,并且煤炭消费总量和国民GDP呈现出较强的正相关作用。因此,中国的能源结构特点,以及与国民GDP之间的关联性决定了煤炭在短中期内仍是中国的主要能源。

从图1-1中可以看出,煤炭资源的消费总量经历了不断上升,到2015年达到顶点,后逐渐下降的阶段。但总体来看,煤炭在能源消费中仍然占有最大比例。2017年煤炭在一次能源消费结构中占60%左右。其中大部分的煤炭主要应用于电力、钢铁、建材、化工四大行业,共耗煤33.4亿吨,占全国煤炭消费总量的86.5%。因此,煤炭为中国国民经济的发展提供了有力的支撑。同时,煤炭资源的高性价比也决定了中国以煤炭资源为基础,发展其他可再生能源的战略方针不会改变。

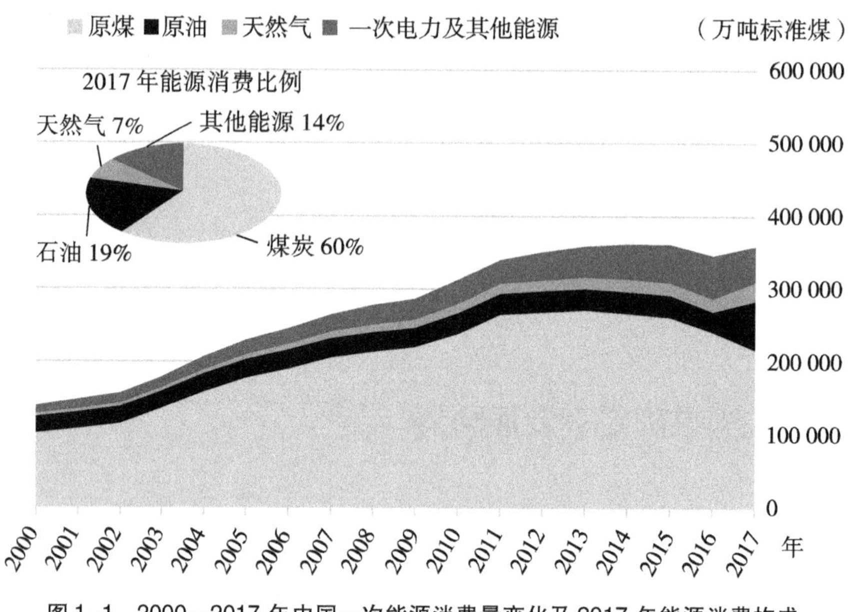

图 1-1　2000—2017 年中国一次能源消费量变化及 2017 年能源消费构成

数据来源：国家统计局

（2）煤矿安全形势逐渐好转，但重特大事故仍时有发生

煤炭产量的快速增长给国民经济的迅速发展提升了保障，但煤矿事故的频发也给人民带来了血的教训。众所周知，煤矿行业具有高强度劳动作业、高风险作业、高事故发生频率特点的“三高行业”。在煤矿生产活动中安全工作占据首要地位，降低煤矿百万吨死亡率和重特大事故数量是国家高度重视、社会密切关注的头等大事。近年来，中国的煤矿安全形势取得了显著进步，2014 年全国煤炭死亡人数首次降至 1000 人以内，2016 年百万吨死亡率为 0.156，死亡人数为 528 人，均为中国煤矿死亡人数历史最低（图 1-2）。煤矿的安全形势在逐渐好转，具体表现在百万吨死亡率、死亡人数和死亡的事故起数都逐年呈现下降的趋势。虽然死亡人数在逐渐下降，但是煤矿重特大事故仍时有发生，与发达煤炭产量国家相比，仍然存在着较大差距。

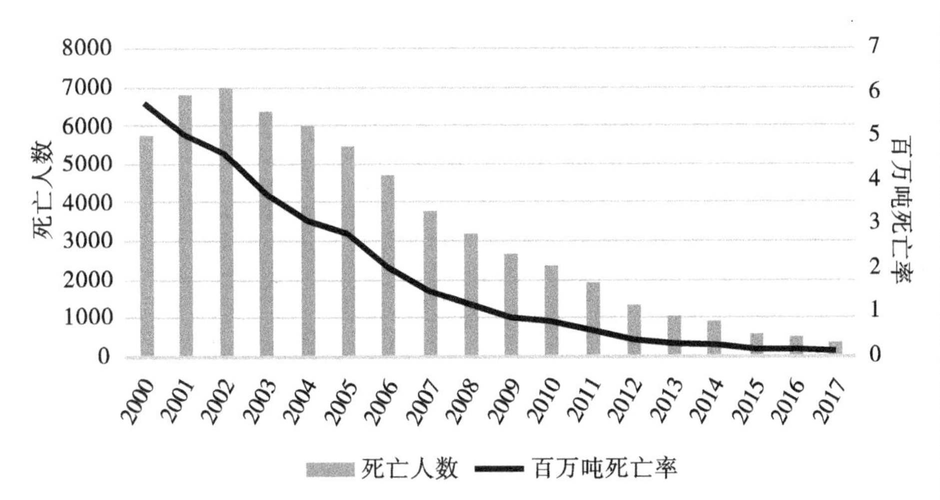

图 1-2　中国煤炭产业总死亡人数和百万吨死亡率(2000—2017 年)

数据来源:根据煤矿安全监察总局网站及《安全统计年鉴》整理得出

在 2000—2016 年,中国煤矿重大事故死亡人数呈现震荡下降的趋势,死亡人数由 2000 年的 1405 人下降至 2016 年的 193 人,整体煤矿安全形势呈现出好转的趋势。但从图 1-3 中我们又不难看出,2004—2005 年、2009—2010 年以及 2015—2016 年之间,煤矿重大事故死亡人数不降反升,同时,从重大事故平均死亡人数来看,也仍然高达 17 人左右。说明对中国煤矿重大事故的管理并不尽人意,对于煤矿重大事故致因和本质规律,政府和煤矿企业并未有清晰明确的认识,导致煤矿重大事故并未得到有效控制。

(3)**当前煤矿的安全形势依然不容乐观**

从当前中国的客观情况来看,煤矿企业仍然处于事故易发期。随着中国经济增速的换挡,工业化和城镇化的不断推进以及能源结构的改变,三者交叉就会导致以往的事故隐患和新增危险源交叉耦合产生新的事故风险,使得当前的煤矿安全管理工作仍然面临着严峻的挑战。大型煤矿企业和年产值小于 9 万吨的煤矿企业的数量比例仍然存在不合理性。据 2015 年统计,中国共有六千多家煤矿企业的年产值在 9 万吨以下,占全国煤矿数量的 60% 左右,其所生产的煤炭数量仅有全国煤炭产量的 12%,但是造成煤矿事故伤亡人数的比例却高达全部煤矿死亡人数的 70% 左右。年产值较小的私营煤矿和乡镇煤矿成为了煤矿事故的“高发区”。一方面是对安全投入不足,导致煤矿设备落后;另一方面是煤矿安全管理水平低下,大多采用经验

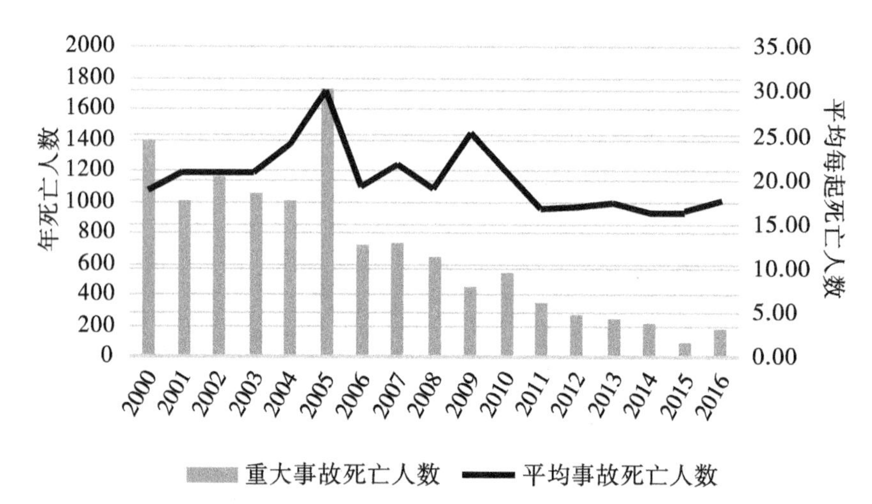

图 1-3　煤矿重大事故死亡人数和平均事故死亡人数(2000—2016 年)

式管理,导致煤矿事故危险源增多,安全隐患得不到及时有效控制,最终导致煤矿事故的发生。

2002 年政府通过关闭大批量的小煤矿、小企业,旨在一定程度上减少事故的发生。从 2003 年全国的事故数量和死亡人数开始出现下降趋势可以看出,关闭产能小、技术落后的小企业在一定程度上确实能降低事故数量。但我们不禁要提这样一个问题,把所有的小煤矿都关闭后,中国的安全生产水平就能达到理想水平吗？从最近几年的事故统计来看,煤矿重特大事故有往中大型国有煤矿企业蔓延的趋势,有一些看似安全生产设备先进、人员配备整齐、安全规章制度规整的现代化煤矿企业也在频频发生煤矿事故。大量关闭小煤矿实际上是一种治标不治本的方案,并不能长效地提高中国的煤矿安全水平。究其原因,在于管理环节的粗放和薄弱。而这种安全管理上的粗放不仅在私营小煤矿中有所体现,在中大型国有煤矿企业中仍然不容忽视。

(4)安全管理在煤矿安全工作中的作用越加明显

煤矿事故的发生既有技术方面的原因,也有安全管理方面的原因。据有关学者统计,80% 左右的煤矿事故是由管理缺陷导致的。所以安全管理工作在煤矿生产活动中的作用就显得尤为关键。煤矿生产技术是煤矿运作的根基,要想保证煤矿安全生产目标,先进的煤矿安全工程技术使用是毋庸置疑的。然而,仅仅依赖安全生产技术来保证煤矿企业不发生事故显得力不从心。虽然先进的安全技术能够减少一部分甚至大部分的危险源,但由于目前技术瓶颈的限制，中短期内并不能实现全机械化的操作，必然要有矿工进行操作参与。这个时候由人的因素导致的危险源和隐患却无法利用安全技术手段进行规避，必须要实施安全管理来保证矿工行为的安全性。同时，安全新技术的实施开展也必须通过针对性的安全培训和管理来保证实施效果的有效性。总结来说，安全技术水平的提高使得人员参与度、设备操作精度以及煤矿企业安全管理的效果得以提升。而安全管理水平的提高也影响着安全技术的实施准确性。二者是相辅相成、相互促进的关系。

(5)大数据、信息化对安全管理作用逐渐凸显

随着大数据时代的来临，越来越多的煤矿企业管理认识到信息化和大数据对煤矿安全管理的重要性。煤矿企业信息化建设不仅增强煤矿在生产、调度、运输、销售等方面的工作效率，同时也提升煤矿企业安全管理水平。一方面通过提升安全设备的自动化水平来减少对井下基层操作工人的雇佣；另一方面，各类传感器和安全信息化系统的使用提高了对不同安全管理对象的管理控制能力。

在人员管理方面，大数据在矿工结构优化、安全管理培训考核、不安全行为管控和隐患排查等方面的作用越来越大。利用大数据挖掘技术，根据安全性高低能够对矿工实施有效分类，从而能够更准确地对人员进行管理。同时，APP 和小程序的出现也让煤矿安全管理工作不在局限于现场的培训管理，人们只需一个手机就能够随时随地地实现对自我的安全培训。此外，在人员“三违”系统管控和隐患排查方面，通过构建相应的信息化手段，使得人们在发现隐患后，只需拍摄照片或者小视频，不需要进行烦琐的文字描述，从而提升了管理的时效性和准确性。

在设备和环境管理方面，随着数字化矿山的不断建设，信息化手段可以有效地增强煤炭安全生产设备和复杂环境的管控能力。通过使用煤矿企业中的设备故障诊断系统可以实现对采煤机、运输机、通风系统等设备的计算机控制，当煤矿生产设备出现故障时，能够及时报警并通知相关管理人员进行处理，这样就提升了煤矿生产设备的安全运行效率。利用通信电缆和传感器组成的环境监控系统，可以 24 小时不间断地监控井下一氧化碳、粉尘、瓦斯、风压、煤炭发热量等环境因素的风险，利用传感器获取的井下安全管理数据进行深度数据挖掘，降低井下复杂多变的环境带来的风险改变。

1.2 我国煤矿安全管理存在问题

《安全生产“十三五”规划》(国办发〔2017〕3 号)指出“应全面推进安全生产大数据等信息技术应用,提升重大危险源监测、隐患排查、风险管控等预警监控能力”。因此,利用信息技术手段提升中国煤矿安全管理水平显得迫在眉睫。对于解决中国煤矿安全生产风险预控管理存在的问题,有效提升煤矿安全管理水平具有重要理论研究和实际应用价值。

(1)安全管理效率问题

中国经济长达数 10 年的快速增长,带来煤炭需求量的增长。在经历短期的煤矿事故死亡人数逐渐增加阶段后,随着安全投入的不断增加,中国已经实现了连续 15 年的百万吨死亡率的下降。尽管中国的煤炭技术与国外的采煤技术手段的差距不断缩小,甚至在某些技术层次赶超欧美国家,安全管理水平也在稳固上升,但是煤矿重特大事故时有发生。这不得不再次引起学者们对煤矿安全的拷问,为什么政府每次在制定安全规划时都着重强调煤矿安全管理的重要,并采用制定《煤矿安全规程》,加大对安全设备的投入等手段进行控制,煤矿企业的安全状况仍旧不尽如人意?尤其是近年来,随着小煤矿的逐渐关闭,重特大事故死亡人数为何并未呈现出明显下降趋势?最让我们担心的一点是,目前有些现代化的大型煤矿,安全设备先进完善、人员结构合理、规章制度完善,为什么开始发生重特大事故?除了中国煤矿复杂地质条件因素外,另外一个重要的因素引起了我们的重视,即煤矿安全管理效率问题。

(2)煤矿安全管理信息过载问题

煤矿生产系统是一个具有动态性和非线性特征的复杂社会技术系统,并且该系统包含人、机、环、管等多种风险要素,而要素之间的关系也是错综复杂。因此,针对这些特点,煤矿安全管理体系构建要具有系统性、前瞻性。为了使煤矿安全管理更具有系统性和流程化,国家安全生产监督管理总局于 2011 年 7 月发布了《煤矿安全风险预控管理体系规范》(AQ/T1093—2011)规范,尝试着将中国传统的事后型煤矿安全管理向预防型的安全管理体系转变。风险预控管理体系的核心内容包括危险源辨识、评估、消除等方面,而这个过程是持续循环的过程。同时,该体系要求全矿人员集体参与,共同构建一个无人员不安全行为、无设备故障、无管理失效的本质安全型矿井,最终达到无事故发生的目的。风险预控管理体系的实施标志着中国由传统的经验式管理、制度式管理向更高层次的风险预控管理迈进。

风险预控管理体系的实施在一定程度上提升了煤矿企业安全管理水平,但随着体系的逐步运行,安全管理数据越积越多。企业管理者面临越来越多的管理客体安全数据,并不能及时有效地进行深度分析,找出安全大数据间存在的有用知识,造成对煤矿安全管理信息过载的问题。进而导致企业管理者依据不全面的安全信息知识,而造成错误的管理策略。因此,煤矿安全管理者首先应该及时准确地了解被管理者的相关状态和基本安全数据,这些安全管理数据通过报表、现场检查、信息系统等手段传递到煤矿安全管理者手中。安全管理者将积聚到的相关安全数据进行加工处理和深度挖掘,得到有效的安全管理知识和信息。依据这些知识和信息,有针对性地提出管理策略来保证安全管理客体的安全状态(图 1-4)。

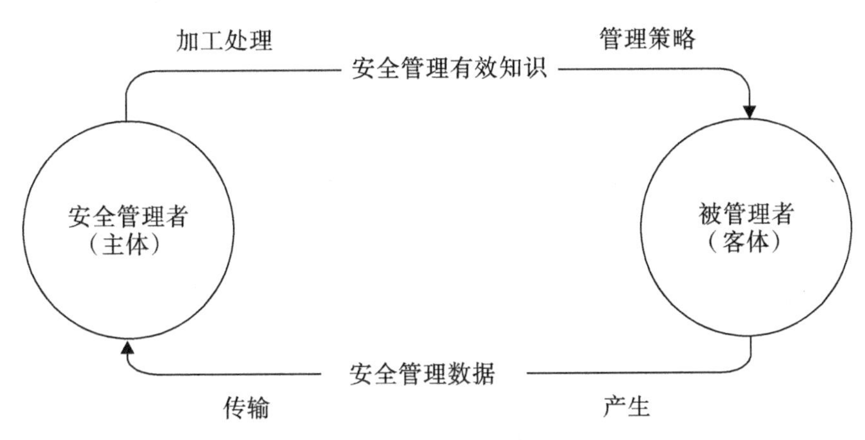

图 1-4　煤矿安全管理主体和客体数据转化过程

(3)大数据给煤矿安全管理带来的挑战

大数据并不是一个新的概念,其最早是在 1980 年,由著名的未来学家托夫勒在其所著的《第三次浪潮》中提出的。直到 2008 年 *Nature* 杂志推出了名为“大数据”的专刊,引起了人们的不断关注。而后 *Science* 杂志也紧随其后,推出大数据子刊,将对大数据的研究推向高潮。截至 2018 年,大数据已

经在许多行业进行成功应用。尽管仍有部分学者质疑基于大数据的科学研究第四范式(数据密集型科学研究)是否存在或者合理,但不可否认的是,大数据已经对我们的生活产生了巨大的影响,从沃尔玛的"尿布啤酒"关联规则,再到目前互联网的新闻内容推送,大数据无时无刻不在改变着我们的生活方式。作为一种新型的研究方法和工具,对当前基于"假设-验证"理论的社会科学研究思维和方法产生了深远影响,出现了基于数据驱动的科学研究方法,这种方法不需要太关注因素之间的因果关系,而是转而研究因素之间的关联性,并在诸多领域得到广泛应用,如电信、医疗、金融、餐饮、娱乐等。

在安全领域,也有许多学者对大数据应用于安全科学领域的基础原理进行了探讨。还有部分学者将大数据应用不同行业的安全管理,例如煤矿、交通、航空、船舶、建筑等行业。并在安全过程分析、行为安全管理、交通安全等领域进行了应用研究。大数据的出现对传统的安全管理理论产生了强烈的冲击,有部分学者认为传统安全管理理论与大数据理论并不相容。因为,传统安全管理理论更强调事物之间因果性,而大数据则更关注事物之间相关性。在这种情况下,研究人员该如何看待大数据与安全管理的关系显得尤为重要,是摒弃传统的安全管理理论,还是与传统煤矿安全管理进行有效结合,这不仅包含理论方面的挑战,同时还包含应用方面给煤矿安全管理带来的挑战。

1.3 国内外研究综述

安全管理理论经历了一个以机器为中心、以人为中心和以管理为中心的转化过程。从目前来看,无论是从安全管理理论还是实证研究都已经比较成熟,但随着科技的发展和社会结构的变革,当前安全管理方法对于解决煤矿安全管理效率问题,尤其是包含有大量安全管理数据的煤矿安全管理问题,则存在各方面的不足和劣势。因此大数据背景下安全管理效率的问题也就此提出。

1.3.1 国外相关研究综述

(1)安全管理现状

在事故致因理论发展的基础上,部分学者将系统论引入到事故管理中。从构建安全管理体系(SMS)的角度来全面预防事故的发生。安全管理体系是当今企业管理新潮流中的一个重要组成部分,已从最初的基本框架构建变成了安全领域重要的研究课题。安全管理体系是用于管理和控制企业安全的系统,或者是专门针对安全的管理系统。Banda 利用 STAMP 方法构建了一种安全系统工程过程来设计海上安全管理体系,并将其应用到芬兰船舶交通服务安全管理中。Wang 建立了煤矿宏观、中、微观安全管理体系,包括宏观、中观和微观安全管理理论的内涵和概念,以及配套的硬件设备,从而实现对煤矿安全隐患的控制。

(2)安全管理效率影响因素

影响安全管理效率的因素众多,国外的学者一般从以下四个方面对安全管理效率影响因素进行研究,分别是安全氛围、安全文化、领导力及其他因素等。

1)安全氛围因素

安全氛围指的是一个团体对安全的认知,以及他们作为管理层对安全的承诺。Nahangi 将安全氛围因素和事故次数分别用作 DEA 系统的输入和输出。对四种不同的方案进行了识别和分析,并将结果进行了比较。此外,还研究了特定的安全氛围因素对计算效率的影响。但没有给出安全氛围对安全管理效率的作用机理。Pandit 探讨了安全氛围(安全绩效的有效领先指标)对危险识别和安全风险感知水平的影响,研究结果显示,具有更积极安全氛围的工作场所的工人表现出更高水平的危险识别和安全风险感知能力。此外,安全氛围对安全风险感知的影响也由危险识别性能介导。换句话说,安全氛围影响了危险识别性能,进而影响了安全风险感知水平。安全氛围除了通过危害识别性能对安全风险感知产生间接影响外,还独立于危害识别性能对安全风险感知产生影响。

2)安全文化因素

安全文化是指组织团体对安全的共同态度、价值观和看法。因此,安全文化既是风险相关实践的产物,又是风险相关实践的驱动力。Stemn 认为成

熟的安全文化被视为确保良好安全绩效的重要手段,尤其是在减少事故方面。因此,采用安全文化成熟度框架对矿山的安全文化成熟度水平进行了考察,探讨了文化成熟度与事故发生率的关系。研究发现,与发生率较高的矿山相比,发生率较低的矿山,元素的安全文化成熟度评分始终较高。同时,相关分析表明,发病率与安全文化成熟度框架的大部分要素之间存在着很强的负相关。所使用的模型/框架对员工和管理层都有用且实用,能够识别需要改进干预措施的薄弱环节。Morrow 探讨了安全文化与其他安全指标之间的关系,并指出安全文化与多个核电站性能指标之间存在着有意义的、统计上显著的关系。

3)领导力因素

领导力是一个模棱两可的术语,很难精确定义。Northouse 将领导力定义为"个人影响一组个人实现共同目标的过程"。Mario 等人综述了领导的定义,并得出结论:在所有这些定义中都存在一个共同因素,即领导通过他人的方式行事,或诱使他人执行如果不首先存在这种影响,他们将无法完成的活动。Wu 探讨了安全领导、安全气候和安全绩效三个潜在变量之间的关系,并指出安全氛围介导了安全领导与绩效之间的关系。

(3)安全管理效率评估

企业安全管理的最终目标为在合理的安全投入内增强安全管理效率,降低事故发生率,减少人员伤亡和财产损失。然而,对于安全管理效率的概念不同学者有着不同的见解。Vredenburgh 指出虽然有几项管理实践被认为是安全管理的重要组成部分,但每项管理实践对减少伤害的贡献有多大却鲜有人研究。于是该文探讨了承诺、奖励、沟通和反馈、选择、培训和参与等 7 种管理实践的频繁程度对安全管理效率的影响。

在安全管理体系效率评估方面,Asadzadeh 则通过模糊认知图(FCM)方法分析和评估综合 HSE 和 HSEE 体系影响因素。还有一部分学者对安全管理体系的效率持有不确定的意见,认为构建的安全管理体系对企业安全管理的提升不会起到积极的作用。Ghahramani 指出虽然 OHSAS 管理体系已得到广泛接受,但在有效性方面仍没有明确的共识。通过利用半结构化访谈的方法来找出 OHSAS 在企业应用维护和提升的影响因素,来提高其系统的效率。因此,关于安全管理效率的争论一直都存在,但对煤矿这种高危行业来说,安全管理体系的存在和缺失都会对煤矿安全管理产生重要影响,而这种影响对安全机制尚不健全的中国来说尤为重要。

(4)**提升煤矿安全管理效果**

如何提升安全管理效果开始逐渐成为当前安全管理研究的热点问题,针对该问题越来越多的外文文献采用系统的、复杂的数学模型来提升安全管理水平。Ouyang 从理论基础、典型研究方法、特殊研究方法以及研究过程四个方面对大数据方法和传统小样本方法在安全领域的不同,并提出了大数据挖掘方法在煤矿安全管理上研究的优越性。Sanmiquel 利用数据挖掘的方法对 2003—2012 年西班牙的煤矿事故进行分析,根据挖掘出的规律制定改进政策,以尽量减少采矿部门的职业危害率。

1.3.2 国内相关研究综述

安全管理效率研究在发达国家已经引起了政策界和学术界的广泛关注,并取得了一系列的研究成果。而国内学者近年来也开始关注煤矿安全管理领域的研究,分别针对不同的主体,从不同的角度对煤矿安全管理效率进行研究,研究内容大致可以归纳为以下几个方面。

(1)**安全管理现状**

罗云指出有效的安全管理方法是保证安全管理效能的主要因素。传统的以事故为主体的安全管理具有一定的局限性,当代以隐患管理为主体的安全管理更具有超前性。袁昌明指出安全管理是管理科学的重要分支,并具有特定的研究对象和研究方法。特定的研究对象是指人-机系统中存在的安全问题,而研究方法是将运筹学、心理学、组织行为学、安全工程学等学科方法交叉融合。陈宝智指出安全管理是企业生产过程中重要组成部分,企业通过调配人力、物力和财力等手段来减少生产过程中存在的风险。

在煤矿安全管理上越来越多的学者从体系或系统的角度进行研究。李新春等指出中国煤矿数量多、地质条件复杂、煤矿从业人员水平层次不齐、煤矿安全形势不容乐观,各类煤矿需要根据自身煤矿特点建立科学有效的煤矿安全风险预控管理体系,保证煤矿的安全生产。孟现飞为了使煤矿被动式的安全管理模式真正转变为主动式预控管理模式,借鉴领导方式连续统一体理论,提出煤矿风险预控连续统一体理论,建立煤矿风险梯度控制框架。李贤功设计了煤矿安全管理信息系统来保证煤矿与企业在实施隐患管理时达到闭环的目的,从而减少事故的发生。

也有学者针对煤矿的某种事故危害或煤矿安全风险预控管理体系的某一要素进行深入研究。如孙青指出煤矿危险源状态的变化会产生风险,在煤矿的安全管理中危险源状态的识别分析对切断煤矿事故因果链具有重要意义,并以一类系统寿命服从 Phase Type 分布的危险源系统为例,对其进行了可靠性建模与分析,通过研究得到该类危险源系统的瞬时状态概率、可靠度、可用度、异常失效概率、首次到达异常和紧急失效的时间等可靠性指标。

(2)安全管理效率影响因素

近年来,国内学者开始从多方面研究影响安全管理效率的因素。续婷妮和栗继祖将自我效能感作为中介变量,探讨了矿工职业倦怠与安全绩效的关系,结果显示矿工的情绪倦怠与不安全行为成正相关关系,个人成就感呈现出负相关关系。陆海蓉从领导力的角度研究了安全变革型领导与安全管理效率的关系,提出安全型领导应多与员工进行安全互动,来保证安全角色的认同度。

在煤矿安全管理效率方面,马杰等将员工安全意识和安全动机作为中介变量研究煤矿安全管理文化与安全绩效之间的相关关系,结果发现二者存在相互作用的机理。马金山在其博士论文中构建能够识别煤矿安全管理效率制约因素的数学模型,并给出了具体案例应用。

(3)安全管理效率评估

中国学者对煤矿安全管理效率的研究有限,都是最近一些年才开始对其进行研究。这是由于中国煤矿安全管理运行的时间较短,研究的重点仍然集中于对安全管理体系建设的研究。戚安邦等从刚性和柔性两个层面运用 DEA 模型对企业安全管理能力进行评价。谭斌设计并提出隐患排查治理的闭合模式,从模式的构建和运行两方面进行研究,为构建煤矿隐患排查治理长效机制提供一种新的思路。

在安全管理制度有效性评估上面,冯群和陈红从制度相关人角度出发,采用不完全信息动态博弈模型来分析煤矿安全管理制度执行的有效性。马有才等以识别、分析煤矿事故发生原因的基础上,运用安全投入模型从有效安全投入、无效投入和负效投入的角度来确保煤矿安全生产的合理投入量,从而实现安全效益最大化。

在风险预控管理体系效率评估上面,为验证冲突管理与矿工不安全行为意向之间作用机制的有效性,张雅萍运用数据包络分析法(DEA)建立模型对18个生产班组进行为期半年的实证研究，研究结果表明冲突管理对矿工不安全行为意向有显著的作用效果。孙青将煤矿风险预控管理体系看作一个系统，借鉴系统可靠度定义来对体系运行完成度进行度量，提出了有针对性地提升煤矿风险预控管理体系运行效果的建议。

(4)**提升煤矿安全管理效率**

国内学者也从不同的角度对现行煤矿安全风险预控管理存在的弊端以及对当前安全管理体系改进措施等方面做了大量的研究，主要可以分为以下几类：

第一类，从技术角度进行的研究。郑凌霄针对煤矿风险预控进行研究，将计算机技术、网络技术等最新的现代化技术以及普遍使用的智能手机应用于煤矿安全管理工作中。当员工发现隐患后，可直接用手机拍照上传，大大减少了人工录入的时间，提高煤矿安全管理效率。张红岩提出了基于虚拟现实技术的煤矿安全培训系统，通过应用虚拟现实开发软件3DS MAX和Virtools DEV来完成设备建模、场景构建和交互式系统的开发，实现了煤矿风险预控、事故案例再现和事故应急救援的仿真。

第二类，从理论体系的角度进行研究。何国家重点研究了安全风险预控技术，提出了系统追问式煤矿安全风险预控分析方法、监控系统式煤矿安全风险预控评估方法、煤矿安全风险预控方案和处置方法等理论方法。高登云研究了煤矿岗位标准作业流程在精益化管理方面与风险预控管理体系之间的关系，指出标准化作业流程的推广对于煤炭企业的精益化管理和风险预控管理体系能够起到促进作用。杨春宁提出了一种基于内控管理的煤矿风险管理体系，该体系不仅包括内部危险源辨识、隐患消除，同时还涉及外部安全监管体系的监控问题，实现了风险预控管理的全面性。

第三类，从数据挖掘的角度进行安全管理效率提升研究。伴随着物联网和信息化技术的逐渐成熟，煤矿企业已经在短期内积累了大量的安全管理数据。而大数据挖掘技术的发展也为深度挖掘安全数据内隐藏的有用信息提供了技术手段。从目前国内研究来看，大数据在煤矿安全管理效率提升的研究主要体现在瓦斯、透水、安全管理等方面，具体如下：

在利用数据挖掘进行瓦斯数据分析方面，梁跃强则更具体地提出了煤与瓦斯突出的预测方法。通过利用Apriori算法找出影响瓦斯突出的地质因素，然后采用神经网络进行数据融合，最后利用遗传投影寻踪聚类等多种算

法进行煤与瓦斯突出的仿真模型,并进行实证研究。邵良杉和付贵祥利用BP神经网络和D-S理论对瓦斯数据进行决策,提升了煤矿瓦斯监控的效率和性能。

在利用数据挖掘技术进行通风、透水数据分析和设备诊断方面,裴秋艳提出了数据挖掘方法在通风安全管理应用的三个步骤,然后构建MGM-PB神经网络混合模型对煤矿海量通风数据进行分析,并用多种信息展示平台进行可视化,提高通风管理效率。王子君将数据仓库的概念引入煤矿通风系统管理中,提出了将数据仓库和通风数据库相结合的管理信息系统。

在利用数据挖掘进行安全管理提升方面,刘双跃和彭丽利用改进的Aprior算法对煤矿安全隐患进行关联规则分析,从而能够快速准确地找到不亦让人察觉的隐患。陈晓从多方位角度介绍了煤矿安全管理知识的可视化研究,具有一定的系统性。

第四类,其他改进煤矿安全管理效率的相关研究。除了以上研究的角度外,还有不同学者提出的多样化手段来提升煤矿安全管理效率。李光荣等提出将煤矿安全质量标准化和风险预控管理系统相结合的研究思路,二者进行互补能够克服各自体系带来的缺点,从而提升安全管理效率。贺超等基于物联网技术,提出一种360度的煤矿安全管理信息系统,主要包括员工、设备、环境、安全闭环管理等方面。

1.3.3 国内外研究综述述评

总体上来看,国内外对煤矿安全管理的研究已经取得了丰富的研究成果。国外学者对于煤矿安全关注比较早,煤矿安全管理比较成熟,现在煤矿安全管理已经偏向安全、健康和环保的和谐统一;国内学者也从各个方面对煤矿安全管理进行研究,如技术因素、心理因素、行为因素甚至管理因素的研究。同时,煤矿企业也在探索不同的安全管理体系来提升煤矿安全管理水平。这些理论和应用研究为我们继续进行煤矿安全风险预控管理效率研究奠定了良好的理论基础,但目前研究仍有如下几个方面的不足:

第一,国外的文献已经从“构建安全管理体系”的阶段过渡到了“改进和提升安全管理体系”的阶段。而国内目前的文献大多针对的是煤矿风险预控管理的前期建立和应用实施阶段,较少涉及风险预控管理运行后效率提升方面的研究,同时也缺乏对风险预控管理效率的实证研究。

第二,效率评估是安全管理实践中的一个难点,煤矿安全风险预控管理的关键指标不易识别和监控。煤矿安全系统是一个复杂的大系统,所涉及的影响因素有很多。部分学者选取的评估指标很难判断是否是评估效率的关键。同时,通过同行评审和专家判断获得的一些安全指标缺乏定量的评估,因此得到的结果很难让人信服。

第三,煤矿安全风险评价方法呈现出百花齐放的状态,从使用方法上来看,既有安全检查表、LEC 等定性的研究方法,又有概率风险评价和危险指数评价等定量的方法,同时还有将定性和定量相结合的方法,例如 AHP 和模糊理论相结合、AHP 和 BP 神经网络相结合、SEM 和 FSVM 相结合。但是,大多数研究侧重于对煤矿企业整体安全状况的评估,不仅包含对煤矿安全管理的评价还包含安全生产等多方面的评价,而专门针对于煤矿安全管理效率评估的方法却少之又少。

第四,对于煤矿安全管理效率影响因素的研究,大部分的国内外研究学者都考虑到安全氛围、安全文化、安全领导力等因素对煤矿安全管理效率的影响,却鲜有学者从大数据背景的角度考虑煤矿安全管理效率评估和提升的问题。

因此,本书基于上述研究不足,结合安全管理理论、数据挖掘理论以及系统仿真理论等,从"数据+模型"混合驱动的视角出发,对当前煤矿企业在实施安全管理过程中存在的问题进行深度挖掘。利用数据挖掘中的分类、聚类、关联和预测等方法对煤矿安全管理效率存在的问题进行挖掘;再利用 DEA-BP 神经网络对煤矿安全管理效率进行横向评估;最后对大数据背景下的煤矿安全管理效率进行仿真,通过调整不同大数据影响系数的数值,找出提升途径和策略。

1.4 研究思路及主要框架

本书针对煤矿安全生产管理现状,对安全管理运行结果进行长期跟踪和数据分析,客观判断当前煤矿安全管理实施过程中存在的问题。再利用安全生产数据挖掘技术,以实证研究为基础,从人员不安全行为管理、隐患管理、事故管理以及安全管理投入四个方面对煤矿安全管理效率进行评估和提升,探索煤矿安全风险预控管理的内部规律,为企业实施风险预控管理

提供有力帮助。首先,通过现场调研和对国内外相关综述的研究,了解当前中国煤矿企业实施安全管理的现状;其次,构建大数据背景下煤矿安全管理研究基础的变革过程,基于此构建煤矿安全管理大数据内涵及事故发生机理,为后续的煤矿安全管理大数据分析提供理论基础。再次,对人员不安全行为管理、隐患管理、事故管理以及安全管理投入等相关数据进行采集,分析数据结构和特征,并对异常值进行检测,缺失值进行填补和融合。以这些数据为基础,利用数据挖掘中的决策树和关联规则等方法对煤矿安全管理的效率进行实例应用。基于上述的应用,利用 DEA-BP 神经网络混合驱动的方法对进行数据挖掘和未进行数据挖掘的煤矿企业进行静态和动态效率进行测算,对比不同煤矿企业采用数据挖掘后的安全管理效率水平变化情况。最后,利用系统动力学的方法对大数据背景下煤矿安全管理效率进行长期预测,通过调整不同大数据影响参数来找出当前大数据背景下煤矿安全管理效率提升的最优水平,并以此提出提升煤矿安全管理效率的途径和策略。

本书的研究内容可以划分为 6 章,安排如下:

第 1 章是绪论。该部分首先介绍了我国煤矿安全的发展趋势以及煤矿安全管理中存在的问题。其次对煤矿安全管理的国内外研究现状进行综述研究。最后给出本书的研究思路和主要内容。

第 2 章是大数据背景下煤矿安全管理研究基础变革。主要从安全管理概念、安全管理效率、安全管理方法以及安全管理思维四个方面的演化变革来阐述大数据下煤矿安全管理理论的变革。安全管理概念的演化从事故致因视角到传统安全管理视角,再到系统视角,最后从大数据的视角对煤矿安全管理进行重新界定。在安全管理效能的演化方面,首先介绍了安全管理效率的相关概念,并着重分析安全管理效率与其他安全因素之间的关系以及其对立面安全管理失效方面的研究。基于此,提出当前安全管理效率研究的不足,并引入大数据思维下的安全管理效率思路。在安全管理方法的演化方面,从模型驱动和数据驱动两个方面介绍当前煤矿安全管理的研究模型和方法,并基于二者的优缺点,提出基于“模型+数据”混合驱动的煤矿安全管理方法。最后,从经验、制度、风险预控以及大数据化四个方面阐述了安全管理思维的变革。

第 3 章是大数据背景下煤矿安全管理内涵、特征及事故机理分析。首先,定义了煤矿安全管理内涵,并找出当前煤矿安全管理大数据的特征和不足,介于此提出煤矿安全管理数据化的内涵。然后依据上述的分析,从煤矿安全管理数据的结构、来源和属性的不同,对煤矿安全管理数据进行总结和分类;然后对煤矿安全管理的大数据和小数据进行对比分析,包括二者的局限性、一般规律以及数据使用过程中的一般方法;其次,提出基于安全大数据的煤矿安全管理研究新范式,包括构建安全数据、安全信息与安全规律之间的转化模型,以及当前构建煤矿安全管理研究新范式的基本内容和过程。最后,引入时空数据场的概念来阐述大数据背景下的煤矿事故发生机理。

第4章是大数据背景下煤矿安全管理数据挖掘分析。本章主要探讨了数据挖掘技术在煤矿安全管理领域的应用前景和过程,并从矿工的不安全行为管理和煤矿安全隐患管理两个方面进行实证研究。首先,从安全生产操作维、数据挖掘方法维和安全领域维三个方面提出了煤矿安全管理大数据挖掘的三维结构图,同时给出了大数据的六大主要功能和算法以及大数据在煤矿安全管理中应用的十大领域。其次,从问题定义、数据预处理、建模、模型评估及模型应用和优化五个方面阐述了大数据在煤矿安全管理效率研究的基本流程。然后利用决策树分类功能对矿工不安全行为数量进行分类统计。结果发现培训、出勤、经验和年龄都是影响人类不安全行为频率的因素。培训因素对不安全行为的影响最大。最后利用 Apriori 关联规则算法对煤矿安全隐患之间的关系进行深度挖掘。使用 Apriori 关联规则挖掘算法来对煤矿隐患管理的部门、时间、位置、月份和风险水平等影响因素进行关联,发现多个维度之间的强关联规则,避免或减少煤矿事故的发生。与此同时,使用这些强大的关联可以提高我们调查人员工作的效率。

第5章是大数据背景下煤矿安全管理效率评估及预测分析。本章节探讨了数据挖掘对煤矿企业安全管理效率影响的研究。首先,从模型驱动和数据驱动两个方面介绍了煤矿安全管理效率评估的方法,并指出模型之间存在的优缺点。然后,提出了混合驱动的概念,包括混合驱动模型的思想、方法和相关应用,并总结“模型+数据”混合驱动建模的基本思想,建模步骤和过程以及相关参数的辨识。基于此,提出了 DEA-BP 神经网络混合驱动的煤矿安全管理效率评估模型,通过利用 DEA-BBC 模型对煤矿安全管理效率进行静态分析,利用 DEA-Malmquist 指数进行动态分析。并验证数据挖掘对煤矿安全管理效率的影响。再利用 DEA 得到效率评估结果进行编码作为二次评估预测的期望输出,运用 BP 神经网络进一步对不同煤矿企业的安全管理效率进行评估、预测,并分析大数据和信息化建设对煤矿安全管理效

率影响状况。

第6章是大数据背景下煤矿安全管理效率仿真优化。将系统动力学理论与方法运用到实际煤矿安全管理效率领域,依据煤矿安全管理效率影响因子体系,对煤矿安全管理效率总系统及其下属的员工安全管理效率子系统、隐患管理效率子系统、事故管理效率子系统和安全管理投入效率子系统进行系统动力学仿真研究。对比分析不同变量条件下的大数据与子系统安全管理效率影响因素间的变化关系,比较不同方案条件下煤矿安全管理效率的变化速度。通过仿真,计算出子系统中各因子对系统安全管理效率水平的实际作用率,定量地观测复杂系统中不同影响因子的实际作用程度,为煤矿安全管理决策提供科学、量化的参考依据。最后,在以上对煤矿安全管理效率仿真研究的基础上,提出了改善和提高大数据在煤矿安全管理中应用效率的相关对策和建议。

2 大数据背景下煤矿安全管理研究基础变革

大数据对当前社会科学研究范式产生了强烈的影响，同时也对传统的安全管理理论产生了冲击。为了促进大数据的理论、方法、技术等在煤矿安全管理理论研究中的应用，本章从安全管理理念、安全管理效率、安全管理方法和安全管理思维四个方面的演化变革，来探讨大数据背景下煤矿安全管理研究发展的新思路。

2.1 安全管理理念的变革

安全问题的出现来源于人员日益增长的安全需求和企业安全状况不完善之间的矛盾，而安全问题也会随着人们安全需求变化和安全技术手段的变化而发生改变，同时也会造成相对应的安全管理理论产生变革。依据当前学者对安全管理理论的研究，可根据时间节点将安全管理理论划分为四个阶段，分别为事故致因理论阶段、传统安全管理理论阶段、系统安全管理理论阶段和大数据安全管理理论阶段。这四个阶段并不具备独立的区间，而是各个阶段都会出现重叠和交互的现象。事故致因理论阶段主要是把事故看作是安全管理的外在表现，因此只要把事故控制住，安全就能得到保证。但该阶段的理论大多基于已发生的事故，虽然能提取出一些规律性的方法，但面对新的技术事故的出现却显得力不从心；传统安全管理理念基于管理的主要功能进行体系构建，虽能科学地展示安全管理理念的主体部分，但却不够全面、细致，缺乏对安全管理理论特征和特色的展示；从安全系统角度出发，具有超前和预防意义，但过程较复杂；基于大数据的安全管理具

有准确性、推理性等特点，但目前企业对安全管理数据不够重视，不易提取。

针对不同类型企业，对安全管理的理解不应该相同。针对普通小企业，安全管理理念更应注重简单、易操作性；针对中大型企业，应该更加注重安全生产的系统性，从而避免重复致因事故的发生。而针对大型以及超大型企业，提出针对的安全管理数据理念，更容易提高企业的安全管理效率。同时，企业也可以采用多种安全管理理念混合的方式来保证企业的安全，例如系统安全管理理念可以和数据管理理念相结合。

通过对上述分析可以看出，不同时期的安全管理理念都有着各自的优缺点，这些安全管理理念并不存在好与坏之分，只有合适和不合适的区别。企业的安全管理者应根据企业自身的特点，以及企业所处的安全发展阶段来选择合适的安全管理理念对企业进行安全管理。因此，安全管理理念的变革主要包括四种视角：①基于事故管控的事故致因视角；②基于计划、组织、领导、控制的传统安全管理视角；③基于安全管理体系的系统视角；④基于知识发现的大数据视角。这四种视角具有一定的时序性，但在各自时期存在交叉重叠现状(图 2-1)。

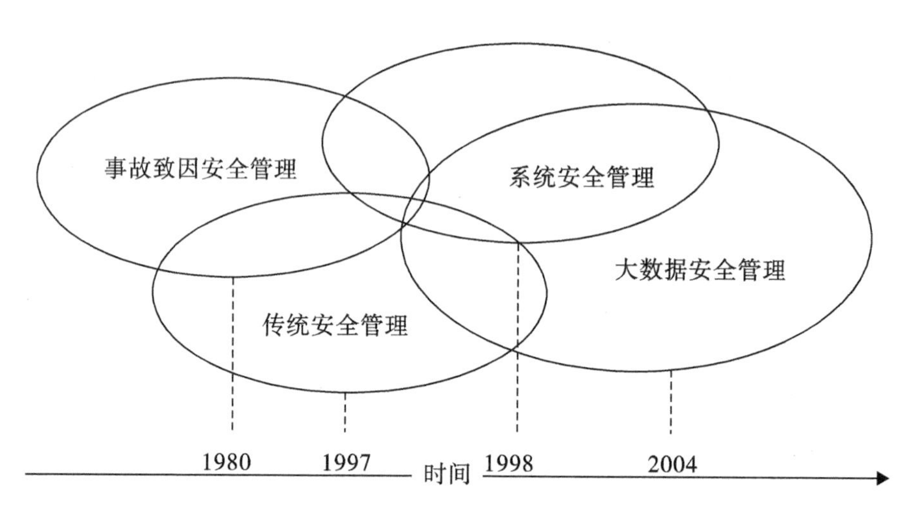

图 2-1　安全管理理念的变革路径

2.1.1　事故致因视角安全管理

事故致因视角下的安全管理理论将安全看作是对事故的控制过程。通过对大量典型的事故进行对比、总结、分析，得到具有规律性的事故发生机理和事故发生模型。这些机理和模型对安全管理者减少企业安全事故,提高安全管理水平具有指导性作用。随着人们安全意识观念的改变和科学技术的发展,事故致因理论也在不断的发展深入,具体来看如下:

从目前主流的事故致因理论来看,大致分为简单链式、复杂链式及系统网状三种结构,与之对应的体系则是点-线-面结构体系(图2-2)。简单链式的事故致因模型将事故的发生看作一根简单的事故链条,当事故链条上的某个点发生问题后,就会导致事故链断开引发事故。而安全管理的理念在这里是保证该事故链不会发生断裂。具有代表性的包括:多米诺模型、瑞士奶酪模型(SCM)和人因分析与分类系统(HFACS)等。这些模型大多着眼于引发事故的某个点,例如人的不安全行为或者物的不安全状态等,但该类模型忽略了事物间的普遍联系,因此逐渐被新的事故链模型所取代,由单一致因因素向多因素理论发展。

复杂链式结构事故致因模型将单个"点"的因素视为有前后时间关联,并将事故描述为多条线性的复杂链式结构,如轨迹交叉模型、瑟利模型、能量意外释放理论等。而基于该类事故致因模型的安全理念,主要在于控制事故链两端及多个事故链之间的相互作用,从而避免事故的发生。但随着社会的发展和技术的进步,现代煤矿企业系统越来越趋向于大型化和复杂化。同时,系统、各级子系统以及基本元素自身及其相互关系也呈现出网络化和复杂化的特点。在这种状况下,传统的链式致因模型并不能系统、全面、深入地了解事故发生的致因,而基于系统理论的事故致因模型应运而生。例如:STAMP 模型、FRAM 模型、Accimap 模型、2-4 模型等。祝楷首次将基于系统理论的 STAMP 模型应用煤矿事故,从物理过程、基层操作、直接监管、矿级监管和系统设计、省级监管及事故的动态过程等 6 个方面对导致事故发生的控制缺陷进行剖析,区别了传统事故致因模型。此外,还有一些国内外学者结合多种事故致因模型来分析事故,乔万冠等将 STEP 和 FRAM 模型相结合对煤矿重大事故致因理论进行全面分析,结果显示改进后的 FRAM 模型与煤矿事故分析契合度高,避免了传统事故致因模型带来的事故原因分析不全面以及过于表面化的问题。

煤矿事故致因分析大多数仍局限于传统的致因模型,对于系统理论的致因模型以及组合致因模型很少有人涉及。大部分的煤矿事故致因模型是基于事故链条的基础进行分析,导致事故链致因模型的特征要求是直接和线性的,但是煤矿生产系统中存在的大部分关系是复杂非线性的,因此会导

致基于事故链的致因模型不能准确地分析事故。此外，随着采煤工艺的进步和设备的发展，导致事故发生的原因也在发生着变化，同时煤矿生产系统的复杂性和耦合性也在增加。复杂性的增加使得煤矿管理者难以充分分析系统所有潜在状态，也使得操作者难以安全有效地处理所有非正常的状态。因此，目前有必要尝试采取系统网状式的事故致因理论或者混合事故致因理论对煤矿事故进行分析，可以更加全面、准确地找出影响煤矿重大事故的关键因素，对控制中国煤矿事故的发生起到一定的引导作用。

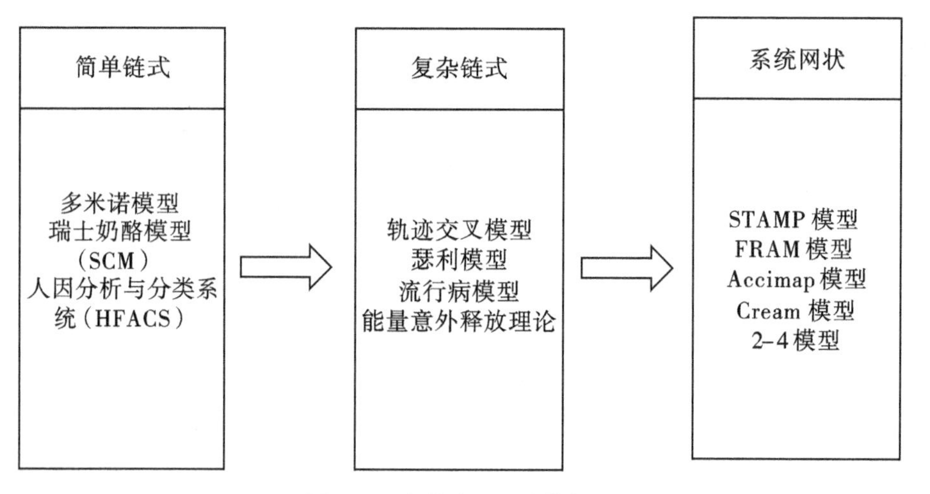

图2-2　事故致因理论的变革

2.1.2　传统管理视角的安全管理理念

现代管理理论的快速发展带动了安全管理学科的发展。由泰勒的科学管理理论、法约尔的管理过程理论、韦伯的古典行政组织理论以及其他学者的多种管理理论构成了目前主流的西方管理理论。在这些理论基础上，不同学者进行延伸和改进，致使现代管理理论呈现出百花齐放的态势。基于这些管理理念，安全管理学科得到了快速发展。安全管理理论可以看作是管理理论的一个重要分支，该分支仅仅关注于企业的安全部分，而不考虑销售、生产、人事等内容。传统的安全管理注重预防性控制和培训，以帮助减轻工作场所的危险。这种方法的有效执行可以帮助缓解工作场所事故，但很少能达到创建无事故工作场所的目标。安全管理是一项综合性工作，需要一个组织来确定安全要求，设计安全管理结构和过程，并决定需要实施哪些活动来实现预先定义的安全要求。传统安全管理理念是指依托于现代管理理论发展而来的一种基于安全的理念，其主体部分仍是计划、组织、领导和控制，只是其针对的对象是安全。

从上述文献可以看出，传统的安全管理理念是基于现代安全管理理念发展而来的，现代安全管理理念中的计划、组织、领导和控制同样适用于当前安全管理理念。具体包括：安全计划、安全组织、安全领导能力和风险控制。每一项安全管理活动首先要从安全计划开始，经过安全组织（安全管理委员会等机构）的宣贯，再由安全有关的领导进行会议沟通，最后实现对企业风险的控制，具体流程如图 2-3 所示。

然而传统的安全管理方案并不总是能提高安全结果，因为它们只集中在技术要求和获得短期结果上。传统安全管理理念的另一个缺点是，该理念是孤立的，并且没有与组织的其他功能集成。传统安全计划的共同要素包括：安全主管、安全委员会、与安全有关的会议、与安全有关的规则列表、张贴标语、海报和安全激励计划。安全计划的责任落在安全主管身上，其在公司组织内仅担任一个职位，在许多情况下，他无权做出更改和串联。这样就会造成企业安全管理不够全面，不能辐射全体进行安全管理参与，造成安全管理的片面性。

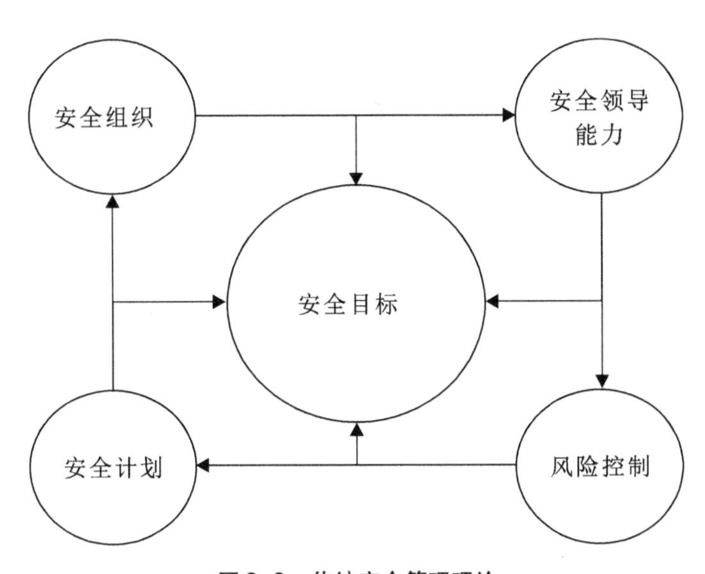

图 2-3　传统安全管理理论

2.1.3 系统视角的安全管理理念

一个以采取主动方法为中心的系统往往比一个在事故发生后持续分析事故特征的系统更为有效。因为提前对危险源或隐患进行预防,可以有效减少潜在的事故。预防是建立在既定的规章制度和安全说明的基础上的,但仅仅将这些规章制度公布在安全手册中是不够的。只有当所有人员按照安全规范和既定指示工作时,公司才会有安全操作规程。

事故致因理论和传统安全管理理论的发展为企业的安全管理发展提供一定的理论基石,然而这些理论最大的缺点在于对中大型企业的安全管理匹配力度不足。随着工业化的发展,企业的生产规模有着集中化和扩大化的趋势。同时,企业的安全管理水平要求也越来越高。面对更复杂的事故机理和安全管理流程,基于事故致因理论和传统安全管理理论的安全管理理念越发显得力不从心。此外,一些特殊行业,例如石油、核能、空管、煤矿、食品等,对安全管理要求更加严格。因为,这些企业一旦发生事故,容易造成大规模的人员伤亡和高额度的财产损失。面对这些行业的安全需求,系统视角的安全管理理念开始进入人们的视野,从被动式的安全管理开始发展为主动式的安全管理,从粗放式的安全管理发展为精细化的安全管理,基于系统理论的安全管理体系则应运而生。管理层实际上倾向于通过将管理过程和活动结合到一个系统中来创建安全管理系统。但是,安全管理活动是如何系统、科学地设计的呢?此时,学者们开始制定出规范化的安全管理体系来确保安全管理工作顺利进行,作为代表的有石化行业的HSE安全管理系统、煤矿企业的风险预控管理体系、食品安全危害分析的临界控制点管理体系(HACCP)等,这些管理体系大都涵盖于危险源辨识、评估、控制,安全管理制度,安全文化,等方面。

自1973年以来,安全管理体系逐渐发展成为安全科学的一个主要课题。安全管理体系通常被定义为旨在提高组织内部安全绩效的管理程序、要素和活动。“现代安全管理体系可以被定义为任意收集的活动,这些活动被认为是在新的自我监管委托责任时代履行职责的必要行动”。安全管理是指“对工人安全绩效、机器安全性能和安全物理环境的系统控制”,从而减少或杜绝事故的发生。为了构建这种系统控制,安全管理体系将所有安全管理活动有序地捆绑在一起。安全管理体系本质上是由事故和事件以及预防这些事故和事件的方法驱动的。事故致因理论可以描述事故的发生机制,却没有给出防止事故发生的屏障。而安全管理体系不仅解释如何管理安全问题,还指导如何通过设置屏障来控制风险。因此,安全屏障的构建在安全管理体系中至关重要,因为安全屏障可以直接阻止不必要的事件或降低风险。

目前,不同的高危行业都形成了与自身特点有关的安全管理体系,例如石油化工企业的 HSE 安全管理体系,食品行业的 HACCP 体系以及煤矿行业的风险预控管理体系等,具体见表 2-1。大部分的安全管理体系是基于系统理论而构建的。同时,安全管理体系也具有全面性、系统性、动态性和前瞻性等特点。安全管理体系的发展是进行系统安全管理的体现,但目前中国的安全管理体系建设仍处于起步阶段,很多的安全管理体系都是借鉴国外成熟的体系结构,然而这些体系结构并不能体现出中国企业所具备的安全管理特点。因此,中国的安全管理体系建设任务仍然任重而道远。

从上述的分析可以看出,基于系统视角的安全管理体系理念已经成为当今世界安全管理的主流思想,但随着企业自动化程度增加、企业规模逐渐增大。系统理论下的安全管理面临着复杂程度高、不易操作等缺点,而基于数据分析的安全管理手段开始逐渐进入安全管理者的视野。

表 2-1　10 种常见的安全管理体系汇总

序号	体系名称	行业	主要内容
1	职业健康安全管理体系 OHSAS	通用	危险源辨识、风险评价和风险控制
2	质量管理体系 QMS	航空安全	教育培训,统一认识,组织落实,拟定计划;确定质量方针,制订质量目标;现状调查和分析;调整组织结构,配备资源
3	危害分析的临界控制点 HACCP	食品安全	危害分析及危害程度评估、主要管制点、管制界限、监测方法、矫正措施、资料记录和文件保存、建立确认程序
4	国际安全管理规则 ISM code	船舶安全管理	安全和环境保护方针;对紧急情况的准备和反应程序;联系渠道;报告程序;内部审核和管理复查程序
5	杜邦安全管理体系	通用	工作场所安全、人机工效、承包商安全、资产效率和应急响应

续表 2-1

序号	体系名称	行业	主要内容
6	健康、安全和环境管理体系 HSE	石油、石化、化工安全	领导承诺、风险评估、隐患消除、风险控制、管理措施
7	风险预控管理体系	煤矿安全	危险源辨识、评估、管理标准、管理措施
8	本质安全管理体系	煤矿安全	危险源辨识、风险评估、提取管理对象、制定管理标准与措施、风险预控、危险源监测、风险预警、风险控制
9	环境管理体系 EMS	通用	制定、实施、实现、评审和保持环境方针所需的组织机构、规划活动、机构职责、惯例、程序、过程和资源;还包括组织的环境方针、目标和指标等管理方面的内容
10	航空安全管理体系(SMS)	民用航空管理安全	风险识别、风险评价、风险控制、事故应急响应、安全政策和目标、人员协调

2.1.4 大数据背景下的安全管理理念

大数据的来临意味着目前科学研究所依赖的范式需要改变,而这种范式的改变或许会是相应上述问题的一个契机。数据科学就是在这一背景下诞生的,“数据科学”这一概念的出现凸显了各界对大数据的关注和期待。

大数据背景下的安全管理理念应更加注重于对安全管理大数据的分析,通过对安全管理大数据的分析来找寻数据背后存在的有意义的规则和规律来实现安全管理水平的提升。传统的安全管理理论将安全管理大数据仅仅是当作计算的基础,数据所起到的作用主要是为模型的构建提供一种检验的手段。然而大数据背景下的安全管理理念应以安全数据为中心,通过以安全管理大数据为出发点,对大量安全大数据进行数据挖掘,找出当前企业安全管理存在的问题以及存在有效关联关系,从而进行安全管理的一种理念。具体如图 2-4 所示。

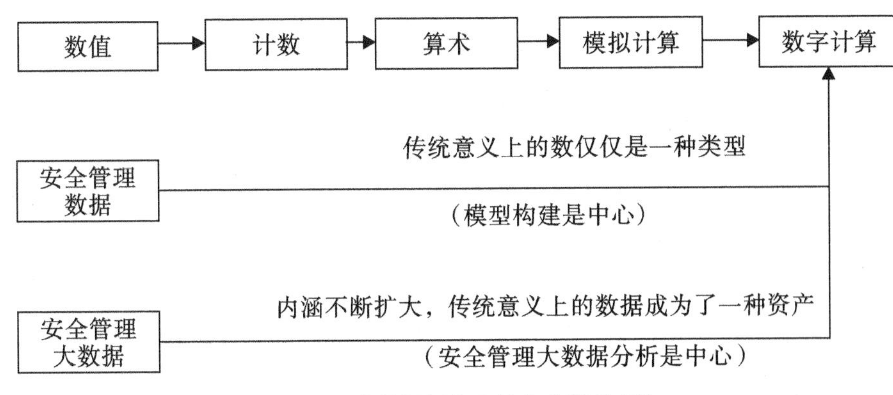

图 2-4　大数据视角下的安全管理理论

“范式(paradigm)”来自托马斯·库恩(Thomas Samuel Kuhn)的著作《科学革命的结构》,指科学研究赖以运作的理论基础和实践规范,也就是科学家共同遵从的“套路”;纵观人类科学研究史,可以看到范式演化的三个阶段。而随着大数据技术的发展,基于数据密集型的第四范式也应运而生。同样,安全管理理念的发展也遵从着范式的发展规律(表 2-2)。

表 2-2　安全管理研究的范式变革

	阶段 1	阶段 2	阶段 3	阶段 4
范式	第一范式:实验科学	第二范式:理论科学	第三范式:计算科学	第四范式:数据密集型科学
内容	以观察和实验描述自然规律	实验条件不具备时,用模型简化并通过演算得到结论	利用电子计算机对科学实验进行模拟仿真	科学研究不再需要模型和假设,而是利用超级计算能力直接分析海量数据发现相关关系,获得新知识
系统	微系统	微系统、中系统	微系统、中系统	微系统、中系统、宏系统
方法	实验法、问卷调查法、访谈法	模型构建法	系统仿真方法	数据挖掘方法

安全管理理论的第一范式是实验科学阶段。该阶段主要通过观察已经发生的事故以及采取实验的方法来描述安全管理中存在的问题,例如汽车

碰撞实验,药品临床检验,等手段。该阶段主要应用在微系统中,也就是所指的单个物品。然而有些行业,由于系统的复杂性,很难找出存在的风险机理,导致并不具备进行实验的条件,例如,煤矿、航海、交通等行业。所以面对这些困难,基于安全理论科学的第二范式得以出现和发展,研究学者利用构建模型的方法对系统进行简化和推演来找到安全管理的结论。而这种范式的出现,大大扩大了研究对象的范围,由微系统向中系统转变。而后计算机科学得到全面的发展,促使第三阶段基于计算机科学的范式出现,该阶段能够对系统进行长期模拟仿真,预测未来的安全趋势,从而达到提前预防的目的。再到现在的大数据阶段,社会科学中积累了大量的安全管理数据,这些数据就是我们所研究的对象,不再需要模型和假设,而是直接利用计算能力分析海量数据发现相关关系,获得新知识。大数据下的安全管理理论将不再局限于某个工段或者某个企业的中微系统,而更加适用于宏观系统。

通过上述表格对比,不难发现,第四范式与第一、第二、第三范式的显著区别在于:前三个范式是先提出可能的假设,再搜集数据,然后通过计算仿真进行理论验证;而数据密集型科学,是先有了大量的已知数据,然后通过计算得出之前未知的理论。计算社会科学是数据驱动的社会科学(data-driven social science),是大数据时代社会科学研究的第四范式。计算社会科学主要通过机器学习、自然语言处理、统计分析等手段,分析网页、文本、视频、图片等形式的海量数据,从而改善传统的定量、定性方法的弊端。计算社会科学应用的技术工具涵盖大数据分析的全过程:数据的采集与存储,数据结构化、清洗与预处理,自然语言过程与实体识别、数据仓储与关联数据、机器学习与数据挖掘、数据开放与检索、数据可视化与人机互动。

大数据背景下的安全管理理念更注重研究对象的客观性。由于传统的安全管理理念大多是从多起事故背后抽取出来的事故机理,并采用问卷调查、访谈、实验等方法进行验证,导致主观性较强。同时,传统安全管理理念的数据来源是通过抽样或者模型划分得到的简化指标,虽然能够大体反映出安全管理的核心观点,但是删除的指标仍然会对结果造成一定的影响,导致结果大打折扣。大数据视角下的安全管理理念的数据来源为全样本数据,在模拟过程中,人的参与性被大大降低,所得到的结果也是基于当前安全数据在一定算法下得到的。从而避免了传统安全管理带来的主观性强的缺陷。

大数据背景下的安全管理理念更注重企业安全管理的时效性和前瞻

性。大数据与安全管理相结合可以更快地给决策者提供建议。由于煤矿企业中包含有大量的实时数据，面对这些数据，传统安全管理理念需要进行问题提出、指标提取、模型构建等步骤，导致得到的结果具有迟滞性。而大数据方法可以直接将数据进行实时处理快速得到有用结论，从而在安全管理决策中直接应用。此外，传统安全管理理念对于新的安全管理问题缺乏敏感性，只有当安全管理问题暴露出来后，通过调查研究才能着手研究。而大数据视角下的安全管理理念善于发现潜伏期内的安全管理问题，通过多种不同种类的安全数据结合可以提前预测可能发生的事故或者隐患。

大数据背景下的安全管理理念更注重影响因素之间的关联性，而非因果性。传统安全管理理念注重对事物之间的因果性分析，也就是描述事物 A 与事物 B 之间为什么会产生关联联系。但是很多安全因素之间的因果性具有一定的模糊性，导致研究者很难探究真正清晰的因果回路。例如，在事故致因理论当中，很多学者将事故发生的影响因素划分为人的不安全行为、设备的不安全状态、环境的不安全状态以及管理上的缺失。但是这种因果关系仅仅是事故发生的大框架。而面对不同的行业和社会环境，究竟是哪个因素起到主导作用也仅仅只能通过概率分布的手段进行解释，但该种解释具有片面性和不确定性。大数据背景下的安全管理理念通过数据挖掘方法找出安全数据间的关联关系，这些关联规则也许从表面上看不出存在的因果性，但却可以为管理者提供一定的管理路径，提高安全管理水平。

因此，基于大数据背景的安全管理理念将在后续一段时间内得到长足的发展，不论是其单独形成新的理念，还是与其他范式的安全管理理念相结合，都将会促使安全管理理念的长足发展。

2.2 安全管理效率理论的变革

2.2.1 安全管理效率的内涵

在定义安全管理效率之前，首先要明晰效率和管理效率的基本概念。在《辞海》中“效率”的定义被划分为两个部分，一是在物理学中，效率指的是仪器所输出的有效能量与输入能量之间的比率；二是在日常生活中，效率泛

指付出和收获之间的比率。因此，我们可以发现效率的定义中都包含输入和输出两个部分，效率则是二者之间的比值。

关于管理效率的定义不同学者有着不同观点，有的学者将管理效率表述为单位时间内通过管理手段获得的有效管理效果与管理投入之间的比值。并且探讨了消费者、中间商和制造商之间的管理效率，提出消费者获取的信息对管理效率的影响。管理效率指的是通过采取投入、培训等管理手段来获取企业管理收益之间的概率。在相同的管理手段下，所获得的管理收益越高则管理效率越高，反之亦然。

在已定义效率和管理效率概念的基础上，进行安全管理效率概念的界定。安全管理效率既包含管理效率的基础概念核心，同时还具有自身的不同特点。首先，安全管理效率属于管理效率的范畴，只是其面对的对象是企业的安全管理工作。其次，安全管理效率的投入手段指的是针对于企业安全管理采取的措施，并不会涉及其他部分，安全管理效率的产出也不仅仅是企业受益的产出，还包括企业安全状况的产出，例如事故率和财产损失等指标。最后，安全管理效率的影响因素并不固定，不同行业会有着不同的影响因素。因此，本书主要从以下几个方面来解释安全管理效率的内涵：

首先，安全管理效率能够体现出企业的安全管理能力。一般来说，安全管理效率高的企业，安全管理能力都比较强。因此安全管理效率具有一定的延续性，通过不断地提高企业的完全管理效率，企业的整体安全管理能力在日积月累后得到持续性提升。同时安全管理效率高的企业在安全投入和产出都有着超出一般企业的特征，有的企业善于利用减少安全管理投入来增加企业安全管理效率；还有的企业通过加强安全产出来提高安全管理效率；还有的企业通过改变二者之间比例来提高安全管理效率。总的来说，安全管理效率能够反映出企业一部分的安全管理能力状态。

其次，安全管理效率能够反映出企业在安全管理资源配置的状态。安全管理效率与安全管理资源配置具有一定的正相关性。安全管理资源配置的越合理，其安全管理效率越高。也许企业并不需要太多安全管理资金投入，只要将安全管理资源进行合理分配，从而达到安全效益的最大化，不仅能够实现安全管理效率的提升，同时还能保证企业整体生产管理效率的上升。

最后，安全管理效率的提升并不意味着企业管理效率的提升。部分学者认为企业的安全管理状况越好，企业的生产盈利能力就越高。然而，安全管理效率与企业管理效率并不存在这种关系。安全管理效率就像是企业整体管理效率的必要而不充分条件。企业的整体管理管理效率高，一般地讲安全管理效率也不会太差。因为，企业的整体管理效率会带动着安全管理效率的提升，相反的企业安全管理效率高并不一定会带动企业整体管理效率的提升。例如，在中国煤矿行业，很多国有煤矿企业虽然整体安全管理效率很高，但整体的企业管理效率并不太突出，这是由于二者之间的关系造成，也就是说安全管理效率对企业整体管理效率的推动作用并不明显。

通过对上述内涵的分析，可以发现安全管理效率的基本概念应包含安全资源配置、安全管理能力等概念，安全管理效率是通过改变安全投入和安全管理产出之间的比例，来实现企业安全管理资源配置的最优化，从而提升企业安全管理能力的一种理念。

2.2.2 安全管理效率的特征

安全管理效率同其他社会活动效率一样，会随着科学技术的进步和管理水平的变化而不断发展。随着企业安全管理理念的变化，现代安全管理效率呈现出以下新的特征：

(1) 安全管理效率迟滞性

虽然安全管理的投入和产出具有相关性，但是这种相关性往往具有延迟性。当企业加大安全管理投入时，往往在短期内很难看到安全管理效果，大多是经历一个周期后才会显现提升的效果。同理，当企业减少安全管理投入时，短期内对安全管理效率也不会产生太大影响。这种迟滞性会导致许多企业管理者在加大安全管理投入后，看不到明显的安全管理水平提升，而放弃对安全管理的持续投入。

(2) 安全管理效率边际递减效应

从经济学的角度来看，安全管理效率同样遵循“边际效用递减法则”，只不过这里的边际效用为边际安全管理效率的概念。在其他条件不变的情况下，随着安全管理投入的不断增加，安全管理效率呈现出逐渐增加，达到顶点后开始下降的趋势。具体如图 2-5 所示，安全管理效率值 SME 随着时间 T 开始逐渐增加，而边际安全管理效率 MSME 则从最高点开始逐渐减少，当 MSME 为 0 时，企业安全管理效率值达到最高点，而后随着 MSME 的减少，SME 值开始出现下降趋势。通过该效应企业安全管理者应该要明白，企业

要提高安全管理效率单纯的依靠安全管理投入的加大，并不能长久的提高安全管理效率。

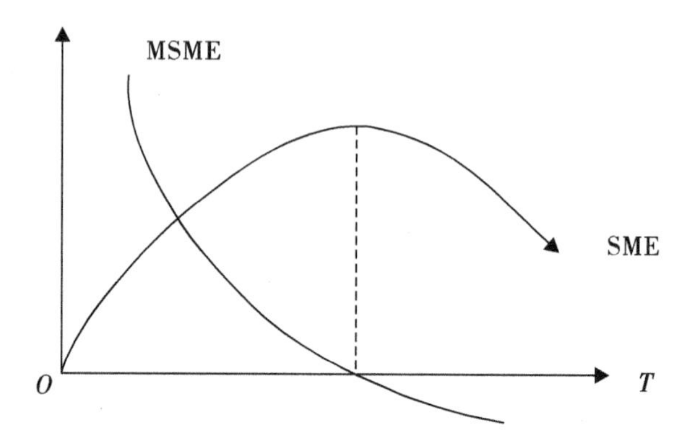

图 2-5　安全管理效率与边际安全管理效率关系图

(3)安全管理效率综合效用

提升安全管理效率的过程并不仅仅是由安全部门进行负责，而是安全管理部分作为一个助推器来实现企业全体员工的安全管理水平提升。所以安全管理效率的综合性是当前企业进行安全管理的主要特征。为了提升企业安全管理效率，安全管理者应综合安全管理的时间、组织和决策等手段来实现安全管理水平的提升。

2.2.3　安全管理效率研究的瓶颈

安全管理最终目的是提高企业的安全管理效率，以此来减少事故数量和伤亡人数。因此，安全管理效率的研究也就成为提升当前安全管理水平的主要途径。因此许多学者构建自己的安全绩效研究框架来对安全管理问题进行深入研究，包括对影响建设项目安全绩效的因素进行回顾和提炼，建立了一个层次结构框架，说明提取的因素如何影响建筑工程的安全性。通过与专家面谈，验证了拟议框架。层次框架明确地确认了安全绩效不仅取决于项目层次内的管理活动，还取决于不同层次因素之间的相互作用。一般来说，战略中实施的预防措施百分比越高，事故率越低。然而，对预防实践组合效应的分析表明，选择正确的实践组合比选择实施的实践数量更为重要。

安全绩效的研究领域主要集中在建筑、煤矿、农产品等领域，研究的内容也很充实，包括对安全绩效的影响因素、企业安全绩效评估方法的研究以及提升安全绩效手段的研究。但是针对安全管理效率的研究却很少。究其原因有三点：①目前的研究阶段仍是以企业整体的安全状况为研究目标进行风险分析，还未开始针对某一特定安全管理手段效率进行研究；②安全管理效率作为安全绩效体系的一部分，很难将其从安全绩效研究体系中剥离出来，形成一个单独的研究个体；③安全管理效率的研究更加偏重于定性的研究，很多指标和数据难以进行量化和应用，导致安全管理效率的研究成果不是太多。

这些问题是当前安全管理效率研究的瓶颈，面对这些问题有些学者尝试着从安全管理效率的对立面进行效率研究，提出了基于管理失效和管理缺陷的安全管理理念。Reason 在人因失误理论的基础上，提出组织失误的理念，从而引出企业中组织管理失效（management failure）的概念，认为事故发生的根本原因是由组织中的管理失效而导致的。

虽然从管理失效的角度丰富了当前安全管理理论的研究视角，但是安全管理无效和缺陷只能从局部窥探当前安全管理的发展，却不能从整体上把握企业安全管理有效的发展脉络。因此，面对当前安全管理效率研究的瓶颈，有必要从大数据角度来对安全管理效率进行新的探索。

2.2.4 大数据背景下的安全管理效率分析

大数据时代的来临不仅为我们提供了计算机技术上的变革，更为重要的是大数据正在不断改变着人们的研究思维。以前研究安全管理效率理论的时候，首先要考虑的是安全管理效率是什么？它的影响因素有哪些？如何对安全管理效率进行评估？评估完之后如何提升企业的安全管理效率水平？然而大数据思维时代的来临，不需要学者们先进行烦琐的理论探究，就可以采取大数据挖掘手段实现对安全管理效率的提升。人们开始习惯利用安全数据来体现企业的安全管理效率水平，而不是仅仅凭个人的经验。大数据注定会导致管理者的企业安全管理方式的改变。就像是目前的医药领域一样，古代中医通过望闻问切来确定病情，但是这种手段诊断效率并不高。而目前的医生通过多种医学仪器分析出来的病情数据来进行就诊，就能大幅提高诊断的准确性和效率。同安全管理领域原理一样，管理者在做出决策的时候，不再仅仅通过专家观察等手段进行安全管理效率提升，同时利用安全数据得到的结论进行决策效率更高。

大数据的发展也同样影响着煤矿安全管理水平的发展。基于此,我们从员工安全管理效率、隐患管理效率、安全监察管理效率、应急管理效率和事故管理效率五个方面对大数据思维下的煤矿安全管理效率进行阐述(图 2-6):

(1)员工安全管理效率

员工安全管理效率主要包括对员工的不安全行为、员工的安全培训、员工考勤以及安全管理计划等方面的效率进行管理。利用大数据思维可以帮助我们找出易于产生不安全行为的矿工群体的特征及特性。根据不同矿工的特性对不安全行为敏感度的不同,采取有针对性的培训教育管理,可以有效地降低不安全行为的发生次数。此外利用数据挖掘中的关联规则算法也可以帮助我们找寻高风险不安全行为的强关联规则。通过挖掘出的关联规则,可以有效率地控制不安全行为的风险度。同时,利用大数据思维来构建企业的安全管理计划更具有针对性。

(2)隐患管理效率

隐患是煤矿事故发生的直接导火线,而隐患大多是来源于缺乏对危险源的全面辨识和管理。因此,隐患管理效率包括:危险源辨识、隐患排查、隐患消除以及隐患数据挖掘等方面。针对目前煤矿隐患管理缺乏对隐患数据深入分析的问题,利用大数据思维对隐患数据预处理、转换后构建隐患数据仓库,并在隐患责任部门、隐患种类、隐患等级和隐患发生地点 4 个维度上进行挖掘分析,发现多维度间存在的较强关联规则,给出针对性的辅助决策。现场实际应用表明,通过使用数据挖掘算法,减少了隐患的发生次数,为煤矿隐患治理提供了可靠支持。

(3)事故管理效率

中国煤炭产量居世界第一,同时煤矿事故年死亡人数也久居世界第一,占到了世界煤矿事故年死亡人数的 80% 以上。煤矿百万吨死亡率是一些采煤大国的几十倍。虽然,随着科技的进步以及管理水平的提高,中国煤矿事故死亡人数逐年下降,百万吨死亡率也由 2004 年 3.08 下降至 2015 年的 0.159。煤矿安全生产形势明显好转,但重特大事故仍时有发生,与其他发达国家和发展中国家相比仍然差距很大。因此,利用大数据思维对当前煤矿事故管理效率进行研究仍然刻不容缓。事故管理效率主要包括:事故致因分析、事故预测、事故统计等方面。利用大数据思维可以更详细、更准确地对事故进行统计分析，找出多起事故起因的共同点，以及新产生的事故致因。同时还可以利用数据挖掘技术对煤矿事故短期和长期预测，为后续的安全管理决策提供依据。

(4)应急管理效率

应急管理是针对于较大事故而准备的一种事后管理。在发生事故后，通过提前进行预演，来确保事故后的救援环节能够有序进行开展。应急管理效率主要包括：应急预案、应急演练和应急管理制度三个方面。大数据在应急管理中的应用主要有大数据技术和大数据思维两种方式。在应急管理的事前准备、事中响应和事后救援与恢复的每一阶段都可以引入大数据的应用，每个阶段对大数据的应用程度也会因其需要应对内容的不同而有所差别。大数据的应用有助于提高应急管理效率、节省成本和减少损失。因此，我国需要在大数据在应急管理中具体应用形式方面做出部署与探索。

(5)安全监察监管效率

安全监察监管是我国煤矿安全管理的重要手段，无论是在煤矿企业内部，还是在地方政府部门都存在着多个煤矿安全监察机构。目前我国的安全监察格局为“国家监察、地方监管、企业负责”。但从结果来看，三者之间的沟通协作能力并不完善。很多起煤矿事故都是由于监管部门之间的沟通管理不足所导致的。大数据思维下的安全监察管理效率包括：现场管理、安全监察制度管理、安全抽查管理以及质量标准化管理。利用大数据挖掘手段构建煤矿安全生产综合监管信息平台，可以实现国家对地方政府的煤矿安全监管，地方政府对煤矿安全企业的监管。通过对煤矿企业各个环节的安全生产数据实行信息化集成监管，能够为生产监管部门提供相应的实时动态监管服务功能，能够为接入平台的企业提供各类安全服务功能，同时实现煤矿企业与政府监管部门之间的双向互动，增强政企之间的沟通。

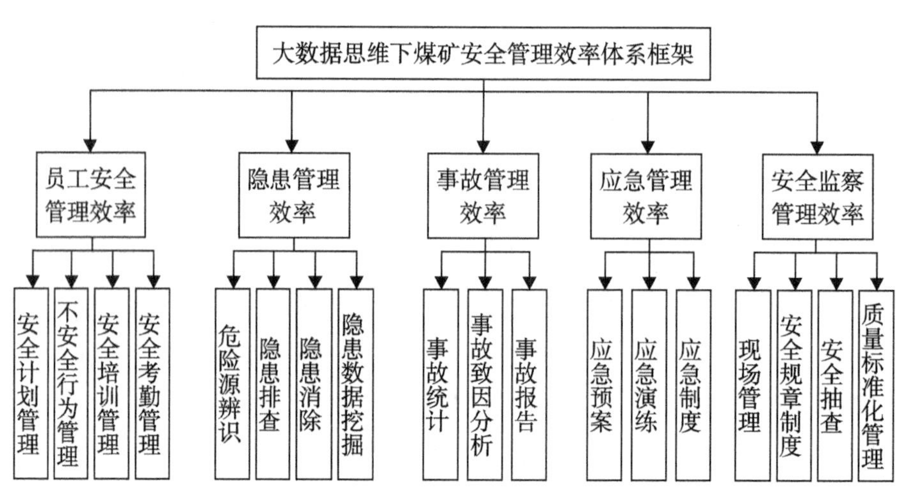

图 2-6　大数据思维下煤矿安全管理效率研究框架

2.3　安全管理研究方法的变革

安全管理的研究方法随着安全管理理念的变化和技术的发展也在不断的变化。通过借鉴控制理论中的不同驱动方法的概念,将煤矿安全管理研究方法划分为:知识驱动、模型驱动、数据驱动以及多种方式相结合的混合驱动方法,具体的思路如图 2-7 所示。

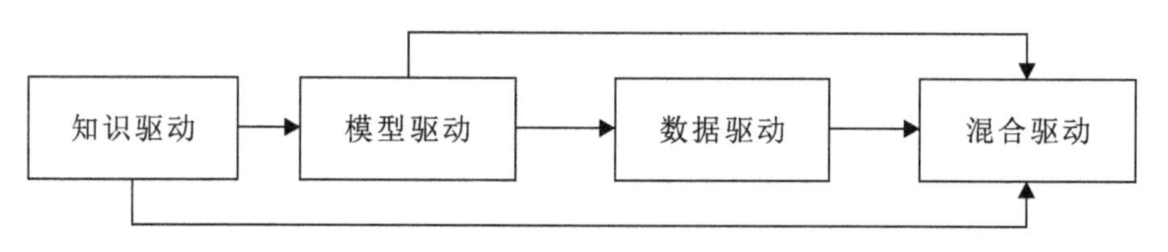

图 2-7　安全管理研究方法变革图

2.3.1　基于知识驱动的煤矿安全管理方法

基于知识驱动的煤矿安全管理方法主要指的是利用专家安全生产经验

和安全操作流程知识作为安全管理的主要驱动因素。该方法主要用于安全管理的早期,但到现在也仍然作为补充手段进行研究。我们知道,早期的煤矿安全管理大多是基于管理者自身多年积累的安全经验来进行安全管理。这种方法能够对风险因素迅速做出回应,可以及时处理安全隐患。但受限于个人知识容量的限制,面对各种各样的安全问题,解决的全面性较差。

目前,常用的方法有专家系统、图论和事故树等。专家系统指的是利用收到的专家知识库来进行推理的计算机智能信息系统。其核心部分包括三个部分,分别为知识获取、推理机和解释器。通过构建煤矿安全管理专家知识库,再进行推理分析,可以找出当前企业安全管理存在的问题和故障,进而进行整改。图论是运筹学的一个重要分支,已在计算机、经济管理、信息论、物理学领域得到了广泛应用。图论利用点来表示研究对象,线来表示研究对象之间的关系,进而形成网络结构来表示整体的安全管理状况,结合一定的搜寻算法后对出现问题的安全管理节点进行分析。事故树是安全系统领域的一种找寻事故致因基本方法。它可以被称为图论研究的一部分,通过利用各种事件符号以及事件之间的逻辑门组成,再利用找寻的逻辑关系对安全管理进行定性和定量的评估分析。

2.3.2 基于模型驱动的安全管理方法

当前社会科学的主流研究方法可以称作为“模型驱动”方法。当学者要进行煤矿安全管理的一项研究时,首先应该强调利用广泛的文献调研来了解当前知识体系的前沿问题,然后基于文献调研,提出当前研究可能带来的贡献。然后从该角度在一定理论框架和理论推演下构建模型结构。因此,可以总结出来,模型驱动的煤矿安全管理方法主要是以理论假设为基础,以数据模型和数据方法为主体的研究方法。目前,煤矿安全管理理论的模型驱动方法如下:

(1)**传统安全管理理论模型**

传统安全管理理论模型主要是指依据传统的事故致因理论、风险控制理论、安全信息论等理论构建的理论模型。这些理论模型的应用主要集中在简单的中小系统中。但随着科学技术的发展,企业内部结构逐渐复杂带来安全管理方式的转变。事故致因理论模型能够发现影响事故的主要因素,但会忽略一些潜在的或者危险性较小的致因因素。然而企业的安全管

理精细化程度越来越高,导致原本被忽视的致因因素造成较大伤亡事故,这也就是当前传统安全管理理论存在的弊端。

(2)安全行为管理理论模型

煤矿事故的发生80%以上是由员工的不安全行为导致的,从而促使了安全行为管理理论模型的发展。通过将组织行为学、心理学等理论与安全管理理论进行结合,实现对不安全行为的管控。主要的代表理论模型包括:不安全行为传播的SIRS模型、安全计划行为理论模型、安全行为栅栏理论模型等。这些安全行为理论模型的提出,极大地促进了煤矿安全管理理论的发展,但在企业安全管理实际应用过程中效果不尽如人意。

(3)系统仿真型安全管理理论模型

系统仿真型安全管理理论模型的目的在于利用相关技术模仿或者模拟原来的安全管理系统,从而进行后续研究的一种理论模型。仿真模型的建立并不是对原有系统的重复,而是按照当前安全管理研究目的的实际需求,寻找便于进行科学研究的系统模型。由于原系统一般比较复杂,因此有必要对某些不重要的方面进行简化或者删除。目前常用的系统仿真型安全管理理论模型包括:系统动力学仿真模型(SD)、多主体系统仿真模型(multi-agent simulation)和进化仿真模型(人工神经网络、遗传算法、分类器系统)等。通过构建系统仿真型安全管理理论模型能够使得人们对安全管理的认识越加广泛、深入和细致。但复杂的安全大系统很难仅凭人力去构建,这是当前系统仿真型安全管理理论模型的瓶颈。

(4)预控型安全管理理论模型

预控型安全管理理论模型着眼于对事故进行提前预控和控制。相比于传统的事后性安全管理理论模型,提前预控能够大幅减少事故的发生。目前,预控型的安全管理理论模型已经成为当前安全管理理论的主流模型。通过对企业安全管理中存在的危险源进行辨识和评估,并制定相对应的管理标准和管理措施来消除、隔离、弱化存在的隐患,使得企业处于较安全状况。预控型安全管理理论模型一般通过构建安全管理体系的方式来保证企业对风险预控的效果。常见的安全管理体系包括HSE安全管理体系、风险预控管理体系、OHSAS职业健康管理体系等。这些体系的出现对于提前控制可能存在的风险具有至关重要作用,因为预控型安全管理理论模型需要更系统、全面的体系作为支撑。

(5)动态型安全管理理论模型

传统的安全管理理论模型大多是静态性的。然而安全管理系统是在不断演化变革的,因此就会造成静态型的安全管理理论模型与当前安全管理系统不匹配的问题。为了解决静态模型带来的滞后性问题,动态型安全管理理论模型逐渐进入人们视野。学者们开始构建动态安全管理水平评估模型、动态安全管理模式、动态网络安全管理体系,来实现安全管理的 PDCA 循环,不断改进提升安全管理水平。

(6)复合型安全管理理论模型

复合型安全管理理论模型是指将传统安全管理理论与其他交叉学科理论相结合构建的理论。传统的安全管理理论模型将研究领域固定在安全管理方向,这样就会造成安全管理理论创新的缺失。从而阻碍安全管理学科的发展。安全管理理论需要新的技术和管理理念注入进来,从而实现模型的改进和创新。当前很多学者将安全管理理论与物理学、生物学、计算机学等看似不相关的理论模型相结合,创造出新颖的、高效的安全管理理论模型,避免了对安全管理理论研究的思维固化。

2.3.3 基于数据驱动的安全管理方法

数据驱动的研究方法指的是利用大量相关性数据构建所需模型的方法。其研究思路正好与模型驱动的研究思路相反。在现实的生活中,只有足够多的安全数据,才可以利用相关算法进行分析,得到一个符合当前研究所需的模型。利用数据驱动的研究方法可以不用提前准备一个精确的数据模型来收集数据。而是通过构建一个简单的模型,然后利用大量数据得到的结果进行修正和完善。这也就是数据驱动与模型驱动区别的根本所在。也许利用数据驱动所得模型距离真实的模型有很大的不同,但却能够解释说明存在的问题,这也就是利用数据驱动模型进行研究的目的。

模型驱动的研究方法在计算机智能算法还未普及前,具有其自身的合理性。但随着时代的不断发展,所得到的安全数据越来越多。传统的小样本模型不能够准确分析这些数据。因此,统计学和计算领域的研究学者开发了许多机器学习算法和软件来处理传统统计方法无法解决的问题,例如决策树算法、人工神经网络、随机森林算法、关联规则算法、支持向量机分类和回归算法等可以处理大数据的机器学习方法,使得传统的数据统计模型

时代逐渐衰落。

数据驱动算法的到来活跃了当前各领域的研究，人们不用再面对苦思冥想却构建不出一个合适数学模型的痛苦。当面对一个所要研究的问题时，可以通过对过去的历史数据的学习，和现在的数据进行对比，构造出一个准确率较高的模型来模拟现实情况。虽然得到的数据模型与当前的真实情况存在一定的误差，但由于数据量较大，少量的错误数据也就显得无足轻重了。此外，数据驱动模型加快当前理论研究和现实应用的进展。借助于当前发达的计算机技术，人们不用再使用人工进行计算，这大大缩短了模型构建的时间。

从目前来看，基于数据驱动的安全管理方法依据功能可以划分为分类型驱动方法、聚类型驱动方法、预测型驱动方法、关联型驱动方法。

安全管理模型中分类算法的主要目的在于将好的安全管理与差的安全管理进行区分归类的方法。在这里好与差只是一个概念性的说法。根据安全管理的目标，首先定义好不同类别的区分标准，然后按照某种标准进行划分，形成不同种类的区域。目前常用的安全分类算法包括：决策树（DT）、支持向量机（SVM）、朴素贝叶斯（NB）、logistic 回归（LR）等算法。例如：Qiao 利用决策树对矿工不安全行为进行分类，结果发现培训、出勤、经验和年龄都是影响人类不安全行为频率的因素，其中，培训因素对不安全行为的影响最大。此外，不安全行为数量不仅受到单一因素的影响，而且还受到多种因素之间的相互作用的影响。当员工的培训和出勤率非常高的时候，不安全行为的频率通常很低，除了一些经验较少或年纪较大的人。相反，尽管一些有经验的员工能够避免不安全的行为，但大多数在培训和考勤方面表现不佳的员工都处于高频段。

安全管理模型中聚类算法的主要目的在于将混合在一起的安全人员、安全管理状态、安全管理类型按照一定的规则进行集合，从而形成不同种类的簇。目前常用的安全聚类算法包括：K-Means 聚类算法、DBSCAN 基于密度的聚类算法、BIRCH 聚类算法、主成分聚类算法等。DBSCAN 聚类算法可以对煤矿瓦斯监控系统进行数据挖掘，来提高煤矿企业瓦斯安全管理效率。

安全管理模型中预测算法的主要目的在于找寻未来安全管理的发展趋势和规律，为后续的安全决策提供一定的数据支撑。目前常用安全管理预测算法包括：人工神经网络（ANN）、贝叶斯网络、支持向量机等算法。

在安全管理模型中关联算法的主要目的在于在大量杂乱无章的安全管理数据中寻找安全数据之间某种隐藏的强关联关系。当发现某些安全问题后可以快速关联到哪些还未产生安全征兆的隐患。目前常用的安全管理关联算法包括:Apriori 关联算法、Fp-Growth 关联算法等。利用改进的 Aprior 关联算法和 Fp-Growth 关联算法从隐患时间、地点、部门等要素对煤矿隐患之间的关联性数据挖掘,结果有助于对隐患安全管理水平的提升。或者利用数据挖掘中的关联规则探索了煤矿危险源之间的耦合关系。数据挖掘中的关联规则能够有效提取隐含的耦合作用关系,对提升危险源辨识工作起到一定的提升作用。

2.3.4 基于混合驱动安全管理方法

对于复杂系统,单一建模方法具有局限性。于是,许多学者就将多种不同驱动方法进行混合使用来进行优势互补,既能保证模型有明确的物理意义,又能保证模型具有较高的精度;既有良好的局部逼近性能,又有较好的全局性。所以,我们将混合驱动的安全管理方法定义为通过将不同驱动方式的方法进行混合交叉,从而实现结果效率提升的方法过程。

混合驱动的煤矿安全管理研究方法在一定程度上能够结合多种方法的优点,避免各自方法的缺点,从而实现方法的最优化。但是在选择模型进行混合的过程中,也应该考虑到你所希望进行研究的目的,而不是单纯的为了结合而结合,从而造成方法复杂程度增加,结果仅有小幅的优化,或者是负优化。因此,科学合理的选择混合驱动模型的煤矿安全管理方法才能有助于研究成果的提升。

2.4 安全管理思维的变革

2.4.1 经验式安全管理思维

安全管理者从企业秉承传统的安全指导和控制工人使他们完成预期的安全标准和规定的方法。他们还执行法律和政府规章,了解新的法规,致力于对实施规章制度的员工,进行检查、审计制度、事故和伤害的直接调查,并

建立建议制度，为了防止未来事故和伤害的发生。安全管理者秉承这样的理念意味着对工人的行为进行激励，并用奖品和奖励等方式，帮助他们形成一个更安全的方式工作。奖励只给予那些符合预设安全目标的工人或部门。

经验式的安全管理思维并不总是能长期提高安全的结果，因为它们集中于技术追求和获得短期安全结果。图 2-8 是对经验式安全管理流程的表述，只有通过不断的产生事故或伤害，才能促使事故经验的积累。是一种事后管理。

经验式的安全管理思维另一个缺点是管理程序的孤立性，很多时候没有与组织的其他功能集成。传统安全计划的共同要素包括：安全主任、安全委员会、与安全有关的会议、与安全有关的规则清单、张贴标语、海报和安全奖励计划。安全计划的责任在于安全主任，他在公司组织内部占据一个职位，并且在许多情况下，没有权力做出改变。一个以采取积极主动的方式为中心的系统比那些在事故发生后继续分析以生成数据作为改进基础的系统更有效。预防是以既定的规则、规章和安全指示为基础，但是仅仅在安全手册中公布这些规则和规章是不足以有效实施。只有当所有人员都按照安全规范和既定的指示工作时，公司才会形成安全文化。

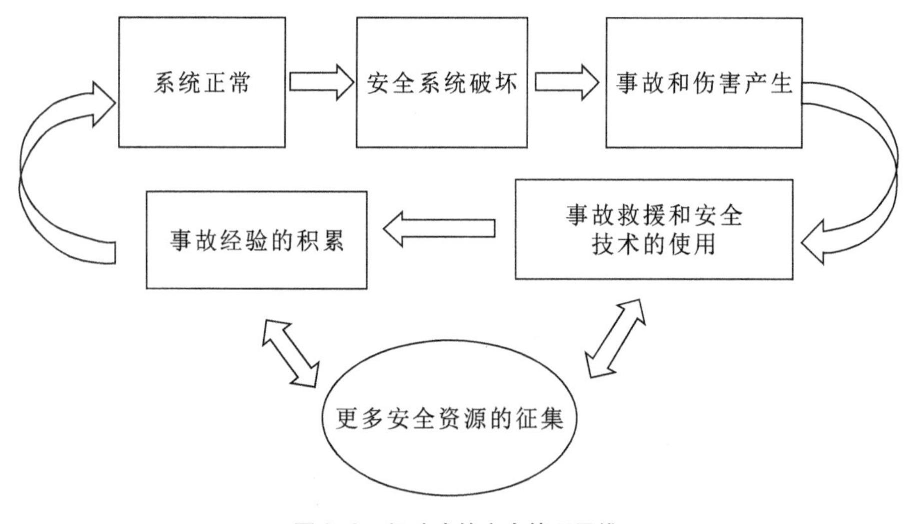

图 2-8　经验式的安全管理思维

2.4.2 制度化安全管理思维

制度化的管理思维最早是由德国社会学家马克斯·韦伯(Max Weber)提出来的,通过制定出有效的制度规范来协调组织中的各种资源达到管理提升的目的。制度化管理是企业的主流管理手段,也是管理理论发展历程中必不可少的一个环节。安全制度管理是指通过利用安全制度规划为基本方法来调动企业中的人力、财力、物力,从而确保企业的安全管理状况处于目标范围。安全管理制度的实施使得企业的安全管理状态由无序向有序状态发展。整个企业,甚至整个国家都在采用制度管理来确保安全管理水平。在煤矿行业,由国家、地方政府、企业自身编制的安全管理制度多达几十种,甚至上百种。企业往往都会在国家制度的基础上进一步严格化,来保证安全目标的实现。

完整的安全管理制度应包括:制度的提出、制度的构建、制度的运行、制度的修订和制度完善五个方面(图 2-9)。首先,安全制度的提出要依托于目前存在的安全管理问题,只有这样制定出来的安全管理制度才具有现实意义。其次,构建安全管理制度的主题框架和内容,在这个环节,不仅要考虑制度内容的全面性还要考虑内容的针对性和执行性。一个好的安全管理制度不仅能够明确地表达出制度所要达到的目的,同时还能促使执行者积极主动的实施。由于制度使用具有一定的最短使用年限,所以制定出来的安全管理制度应具有准确性和前瞻性。为确保安全管理制度的准确性,制定好的安全管理制度应在企业中小范围试运行一段时间,找出当前安全管理制度存在的缺陷和问题,从而对不完善的地方进行修订和完善。为确保安全管理制度的前瞻性,企业应该预测未来的发展趋势,为制度的制定提供依据。煤矿安全管理制度同样遵循上述安全管理制度制定的主要步骤,但煤矿企业应注重安全管理制度的宣传贯彻。由于中国煤矿企业工人的整体文化水平不高,在对制度理解中可能会存在不同的误解,同时易受别人思想的左右。因此,煤矿企业在制定安全管理制度时,更应注重对制度的宣传贯彻,避免极端化场景出现。

制度化安全管理强调企业依照相关规章制度进行安全管理,该种方法的优点是成本低、效果转化率高、杜绝个人主义等。然而在实际的煤矿企业制度化管理中却存在着多种多样的问题,主要包括:制度内容不切合实际、制度制定缺乏前瞻性、制度之间存在重复性或无关联性等方面。在制定安

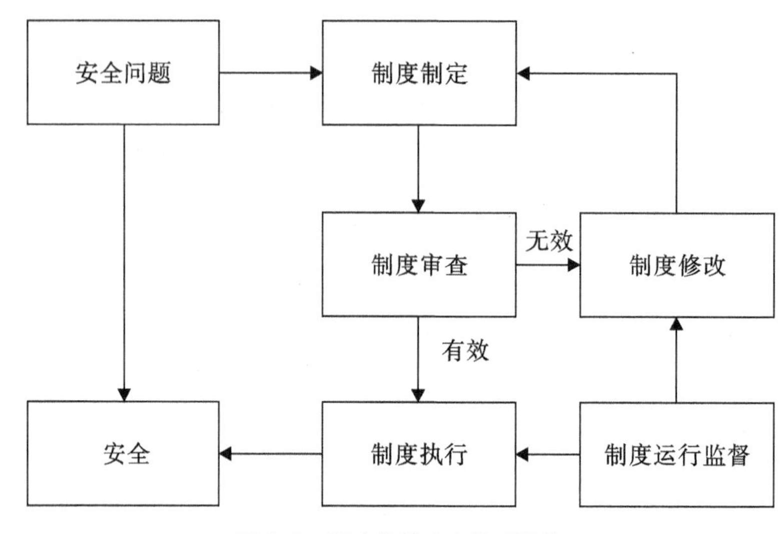

图 2-9　制度化的安全管理思维

全管理制度时，首先是要确定企业想要达到的安全管理目的。然而很多规则制定者往往在制定规则时想要远远超出企业的既定安全管理目标，甚至有些企业在不了解自身所要达到的安全目标时就开始制定制度，这样就会造成制度内容不切合实际，导致矿工为了达到当月安全考核目标，降低安全工作效率。监督者为了达到自身的考核目标，不断进行井下检查，降低生产效率。这些问题的产生都是由于安全管理制度的不合理。

其次是安全管理制度制定缺乏前瞻性。一般来说，一个企业制度的实施期在 3 ~ 10 年，有的国家性质的安全管理制度实施期会更长。在实施期间会不断地进行修改和更正。然而在很多煤矿企业中，制定出的安全制度缺乏预见性和长期性，在制定制度的时候，并没有对企业的安全管理发展情况有着全局考虑和预测。导致新制定出的安全管理制度仅在实施后的很短时间内就被搁置或废除。造成了制度编写时的人力、时间和金钱浪费。

再次是安全管理制度之间存在重复性和矛盾性。当很多新的安全管理制度出来后，旧的安全管理制度并没有被废除，而是仍在继续使用。这样就会造成新旧安全管理制度之间的矛盾性和重复性。煤矿中的安全管理人员不知道当前哪个安全管理制度是有效的，从而会造成安全管理工作的迟滞。

最后是安全管理制度间缺乏相互关联性。有些煤矿企业在制定安全管理制度时，并没有进行统筹考虑。当出现某个安全问题或者安全现象后，就立刻制定出相关制度进行控制。当出现另外的安全问题后，仍旧马上利用安全管理制度进行管控，却从未考虑到问题与问题之间、制度和制度之间的关联性，造成制度的冗余。有的煤矿企业很自豪地显示企业有几百个安全管理制度，却不知这么多的安全管理制度因为缺乏关联性而造成企业的安全管理效率降低。

从上述总结分析得知，制度化的管理思维是当前安全管理思维中的重要组成部分，也是必不可少的环节。制度化的管理思维具有针对性强、见效快等优点，但同时也有滞后性、重复性和矛盾性等缺陷。因此，管理者要正视安全管理制度思维，取长补短实现安全管理水平的提升。

2.4.3 风险预控型安全管理思维

经验管理和制度管理都是一种事后管理，没有从根本上解决事故发生。中国目前部分煤矿仍采用这两种安全管理方法，导致安全事故没有得到有效控制。风险预控管理是一种事前管理和过程控制。在事故发生之前就把导致事故发生的危险源辨识出来。通过对危险源进行有效控制，实现对煤矿事故管控，降低事故发生可能性，减少事故带来损失的目的。

煤矿要实现风险预控管理，关键是实现对诱发事故产生的危险源和途径的管控。要想实现对危险源和事故产生途径的科学合理有效管控，①需要明晰煤矿事故产生的机理，明晰事故中多因素耦合作用机理，这样才能比较全面地把导致煤矿事故发生的危险源辨识出来，厘清煤矿事故产生途径，实现对煤矿事故有效控制。②实现对危险源管控需要对其风险性做出正确度量，这样才能在数以千计的危险源中抓住关键危险源，找到安全管理重点。对重点危险源实施有效管控，从而实现对事故的预控，减小事故产生可能性。基于风险预控的煤矿安全管理思维主要包括危险源辨识、危险源分类、危险源动态风险评价、危险源风险预警和危险源消除（图 2-10）。主要内容如下：

（1）*危险源辨识原理和方法研究*

基于风险预控的煤矿日常安全管理关键是危险源的辨识，如果危险源辨识不全面就不可能杜绝煤矿事故发生。煤矿的危险源是指导致损失或危害的潜在根源或状态，包括人员不安全行为、设备不安全状态、环境不安全特征和管理漏洞。

中国有各类煤矿2万多个,各个煤矿千差万别,采煤工艺技术和开采规模不一,相应不同煤矿危险源也不一样。这就决定了本书中基于风险预控的煤矿日常安全管理危险源辨识不是研究把煤矿的危险源都辨识罗列出来,而是研究如何确定不同煤矿的危险源辨识原理和方法,让煤矿在应用这些原理和方法后可以把自身煤矿日常危险源都辨识出来。

(2)危险源分类方法研究

煤矿辨识出的危险源成千上万条,如果煤矿对所有危险源都要进行风险预控这是不可能的,也是很难实现的,所以煤矿在辨识出危险源以后需要对危险源进行分类,确定不同危险源预控管理轻重。

危险源分类方法研究就是根据煤矿危险源产生风险概率和风险后果来建立危险源静态度量模型,实现对危险源分类。本部分主要研究就是确定危险源产生风险的概率大小测算方法和危险源产生风险后造成损失测算方法,并在此基础上由危险源风险概率和风险后果综合确定度量危险源危害大小的方法。

(3)危险源动态风险评价研究

煤矿危险源中有许多危险源具有动态性,即同一危险源在不同时间可能带来危害程度是不一样的,如瓦斯浓度在煤矿不同时间数值不一样,危害性也就不一样;再有煤矿危险源中有一些危险源具有时间记忆性,其重复出现或持续存在造成的风险大小是不同的,如人的不安全行为,随着其在周期内产生次数不一样,危害性也不一样。所以煤矿需要对危险源根据其动态变化的信息适时做出危害程度评价,才能实现风险预警,消除危险源。

煤矿危险源动态风险评价就是根据危险源的属性,即人员不安全行为、设备不安全状态、环境不安全特征还是管理漏洞分别构建这四类危险源的动态风险度量模型,确定危险源动态危害性大小。

(4)危险源风险预警研究

煤矿危险源风险预警是在危险源动态监测基础上,根据危险源信息的动态风险评价确定的危险源危害程度大小,研究确定出各危险源的适时风险预警等级,并对不同警级的危险源确定消警流程。

(5)危险源消除研究

煤矿危险源消除研究就是根据风险预警结果对危害程度大的危险源降

低其危害性或消除危险源。危险源消除主要任务就是确定危险源管理标准和管理措施。危险源管理标准是一个尺码,就是把危险源管到何种程度危险源就不产生风险;危险源管理措施是手段、是方法,就是如何管理危险源才能达到危险源管理标准。

前面也提到煤矿的危险源有成千上万条,相应危险源管理标准和措施制定也不是把每个危险源的管理标准和措施都制定出来,而主要是研究危险源管理标准和措施的制定原则和科学的制定程序,煤矿依据此原则和程序可以制定出科学合理、行之有效的煤矿危险源管理标准和措施。

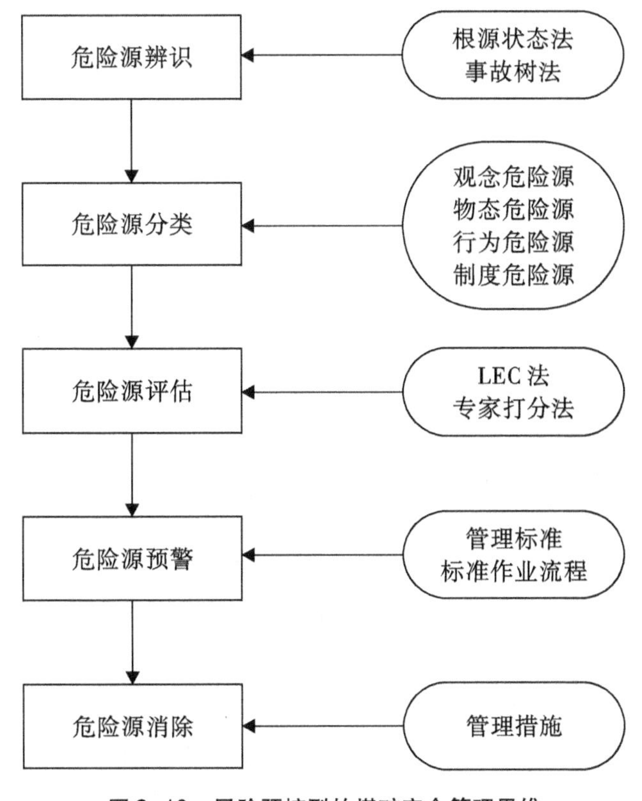

图 2-10　风险预控型的煤矿安全管理思维

2.4.4　大数据安全管理思维

因为需求的膨胀,人类从最原始的对数值的关注到对数据的关注,以及到对大数据的关注,一个典型的思维变革在于:在小数据时代,模型构建是中心;而在大数据时代,数据分析是中心。所有这些理念的变迁或许本质上

是人类需求不断丰富、软硬件技术不断发展的共同结果。未来,大数据可能成为最大的交易商品,大数据也将成为一切行业当中决定胜负的重要因素,成为人类至关重要的战略资源。大数据在常人的眼中被认为是一种处理大量数据的技术手段,然而大数据给社会带来更为重要的意义在于改变传统研究思维方式。大数据思维指的是一种思维意识形态,而这种意识形态会潜移默化地改变人的思考方式。当人们面临一个问题后,首先想到的是利用大数据分析为后续决策提供依据。通过挖掘数据之间的关联关系,来找寻事物发展的一般规律,从而能够做到回顾过去、审视当前和预测未来发展趋势。同理,大数据管理思维会带来安全管理思维的转变,两种思维在事物发展前进的轨迹上进行交叉融合,从而能够对安全管理深入分析来探索安全的发展趋势,并开启当前对安全管理理论研究的新视野。

大数据在各行各业都有重要和广泛的应用,在安全领域同样具有重大价值。例如,大数据技术可以通过可存储和分析非结构化数据以便识别、监控可能导致事故发生的隐患,捕捉极其容易被安全管理者忽视或者隐藏较深的危险信息之间的关联关系,并找出大量数据背后的事故征兆和规律,为提前预控事故的发生打下坚实基础。此外,大数据在安全监管中能更好地揭示安全问题的本质和一般规律,从而更科学地进行安全预测和安全决策。

对于安全管理来说,大数据将提升企业和政府监管安全治理的效率。大数据的包容性将打破传统企业与地方监管部门、地方监管部门与国家监管部门之间的信息传递壁垒,使得信息传递效率大幅增加,信息失真和信息中断的现象也会大幅减少,使得不同职能部门间的安全数据共享成为可能,政府和企业各机构协同效率和安全管理提高。同时大数据将极大地提升政府和企业安全隐患挖掘能力,不断拓展个性化服务,进一步增强政府与社会、煤矿员工直接的双向互动、同步交流。

从当前研究来看,大数据化的安全管理思维主要体现在关联思维、动态思维、正向思维和数据思维四个方面(图 2-11)。在传统的小数据安全管理思维时代,由于数据量较小,因此人们更加注重数据变量之间的因果性,即哪些变量是原因,哪些变量是结果,然后在探讨二者之间的因果关联度。而大数据化的安全管理思维更注重的是数据变量之间的关联性。由于数据量很大,想从因果关系方面来处理这些数据变得不可能。然而,利用大数据手段可以先找出不同数据之间的关联性,而后在进行因果解释。此外,大数据化的安全管理思维还体现在动态思维方面,企业中包含有许多实时数据,而这些数据的容量非常巨大,每秒都可能产生几兆甚至几十兆的数据量,这就要求安全管理更注重对这些数据处理的及时性和动态性,从而避免传统安全管理的静态思维。大数据同样带来了安全管理思维由逆向思维向正向思维的转变。传统安全管理由于处理数据能力有限,导致很多安全问题不能从正面进行思考,只能转向问题的背后进行思考。就像是安全管理有效和安全管理失效的概念。传统安全管理注重对安全管理失效理论的研究,而大数据提供了契机能够从正面全面了解安全管理有效性。最后,大数据也将传统安全管理中经验思维转变为数据思维。人们在面对大量的危险源和隐患时,不再拘泥于自身的安全经验,而是通过数据管理和数据挖掘的手段实现对安全问题的控制。在实际安全管理中,没有被安全管理者亲眼看到的安全管理漏洞很难被发现,这类漏洞是“隐藏的”或“模糊的”,从而导致安全隐患不能及时整改。对此,大数据思维的应用会让人们认识到“数据就是安全,安全就是数据”。管理者在根据自身经验所得到安全管理思维,在大数据中得到验证。同时大数据也为企业管理者不断提供新的安全管理思路,进而二者进行互补。

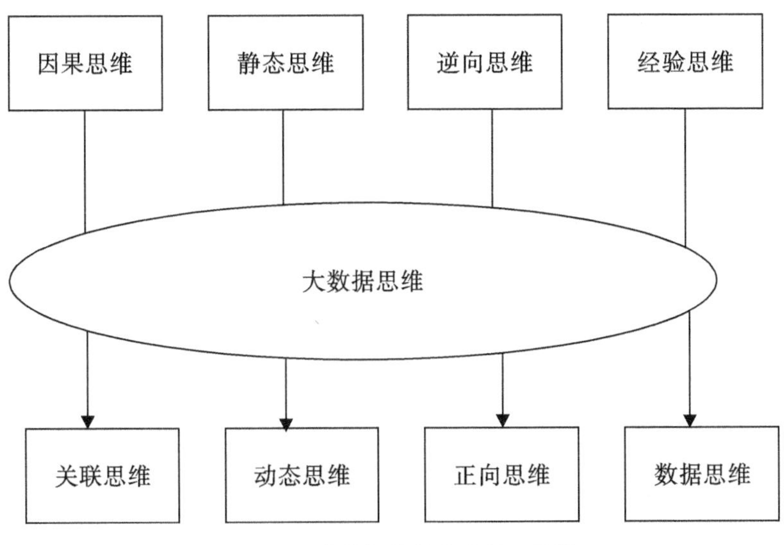

图 2-11　大数据化的安全管理思维

3 大数据背景下煤矿安全管理内涵、特征及事故机理分析

随着煤矿安全管理大数据的积聚，传统的信息资源加工处理能力不足，导致安全管理数据冗余，有效知识贫乏的现象出现在煤矿安全管理中。因此，大数据背景下煤矿安全管理从安全数据的角度出发，利用数据挖掘技术和当前安全管理理论技术相结合开展煤矿安全事件风险研判，煤矿安全管理效率评估及提升研究。在此之前，应对大数据背景下煤矿安全管理内涵和机理有新的认识。通过对安全管理理念、效率、方法和思维变革的研究。本章从煤矿安全管理大数据内涵、特征及不足、数据分类、大数据和小数据优劣势、安全数据转化范式、时空数据场下煤矿事故发生机理，这几个方面构建大数据背景下煤矿安全管理研究的理论基础。

3.1 煤矿安全管理大数据内涵

3.1.1 煤矿安全管理内涵

煤炭生产系统是一个复杂的社会技术系统，其动态和非线性特征受到内部和外部因素的影响。同时，煤炭安全生产还涉及调度、掘进、开采、机电、通风等多个部门之间的协调合作。此外，中国的大多数煤矿井下作业条件极其恶劣，湿度大、照明差、空气质量不高等缺陷也是引发煤矿事故的重要原因。但随着近几年煤炭生产技术进步，许多设备和环境上的不足得到明显改善，由物的因素引发的事故数量逐渐减少，而由人的因素引发事故所占的比例却在不断增加。几乎每一个煤矿重特大事故都是由不安全行为引起的。因此,如何加强对矿工不安全行为的管理,在我国煤矿安全管理中尤为重要,也是保障中国煤矿安全生产的关键。在煤矿企业中,安全管理就是职能部门利用企业有限的安全管理资源和相关管理制度,协调各部门之间的关联性来减少人、机、环等因素产生危险源和隐患的数量或风险性,从而达到事故减少和安全管理效率提高的目的。因此,煤矿安全管理的内涵可以体现在以下几个方面:

(1)**安全管理部门的特殊性**

煤矿企业中安全管理既涉及指定安全检查的安监部门,又与其他生产部门息息相关。单纯地依赖安监部门来实施安全管理并保证安全生产的长久性,显得力不从心。煤矿事故种类繁多,各个生产部门例如机电、运输、掘进等都会产生各种各样的隐患和事故。因此,企业安监部门就像是“大脑中枢”一样,需要对各个部门安全资源进行安全计划、安全组织和安全协调等来保证整个企业安全状况一直持续改进下去,直至达到无事故产生的安全状态。

(2)**安全管理手段的丰富性**

煤矿安全问题从新中国成立以来一直都受到国家的高度关注。通过单独设立国家煤矿安全监察局和地方政府煤矿安全监管机构来实现对煤矿企业安全的层层监管。并且还通过制定有针对性的安全管理制度来保证煤矿企业的安全生产,例如:《煤矿安全规程》《煤矿安全质量标准化标准及考核评级办法》《煤矿安全监察条例》等。这些安全管理制度具有一定的强制性来保证企业能够正确快速的实施。最后煤矿企业自身管理者也会通过投入大量的资金进行员工技能培训、安全文化宣贯、安全条件改善等手段来提升企业的安全水平。

(3)**安全生产管理系统的复杂性**

煤矿生产过程涉及多个任务,而每个任务又包含多道工序。在安全生产系统内部涉及人-机-环-管理四个子系统,而在煤矿安全生产系统外部还会涉及法律、监管、应急、舆情等多个子系统。所以说煤矿安全管理系统非常复杂,一般在研究过程中会按照内部和外部影响因素进行分开研究,以降低研究的难度,提升研究的针对性。在内部子系统中,煤矿企业目前最重视的是员工“三违”情况和安全隐患的管理,因为这些不安全行为和隐患如若控制不当很容易导致事故的发生。在外部子系统中,安全监管和应急管理也是煤矿安全管理的重中之重。

(4)安全管理的有效性

随着科学技术的发展进步以及社会安全认知的改变,原本某些被认为是可靠的安全管理手段,可能在经过一段时间后变得不再可靠。煤矿安全生产过程中存在着多种多样不确定的因素,例如人的安全行为和安全环境的不确定。人是一种感性的动物,其安全状态可能随时发生改变。原本具有很强安全意识状态在经历心理波动或者生理波动后,会呈现出直线下降的趋势,导致不安全行为的产生。同样,煤矿开采环境也具有未知性。随着井下开采的逐渐深入,地质条件也会相应地变复杂。虽然当前的技术手段有可能会提前预知,但永远不可能保证百分之百的成功率。就像冲击地压、瓦斯突出等自然突发情况,很难准确地进行提前探知。人和环境的未知性会导致安全管理效率的改变,但管理者可以通过关注多种安全数据之间的关联性,来发现潜在的危险源,从而提高煤矿安全管理效率。

3.1.2 煤矿安全管理大数据特征及不足

(1)煤矿安全大数据特征

信息技术的发展创造数据产生和处理的比较条件。随着数据库、云存储技术以及物联网、RFID 和视频监控技术的普及应用,企业获取数据能力得到了质的飞跃。这些技术同样也在煤矿安全活动中得到了广泛的应用。目前主流的“智慧矿山”和“感知矿山”都带来煤矿生产的智能化和信息化的增强。煤矿企业可以从多种环境监控传感器、人员定位系统、设备故障诊断系统、安全信息管理系统等多种信息系统提取出相关的煤矿安全管理信息。有统计说,近几年产生的大数据相当于过去 2010 年前产生数据的总和。同样,近几年的煤矿安全管理大数据也呈现出爆炸增长的态势,经过几年的积累形成了煤矿安全管理大数据。

学术界也十分关注大数据的发展。从 2008 年开始,*Nature* 杂志推出大数据子刊,来探讨科学研究形态的变化。而后,*Science* 杂志于 2011 年也推出子刊围绕着“数据洪流”展开探讨。各类科研机构也纷纷组织各类研究和探讨,召开大数据相关会议。甚至在短短的几年,中国已有超过 300 所高校开设数据科学与大数据专业来进行研究。其实数据科学并不是一个“新鲜”的学科,而是将统计、计算机、数学等多种学科交叉产生的一门复合型学科。

关于大数据的定义,目前并没有一个统计的说法。在维基百科中,从处理方法的角度将大数据定义为通过利用常规软件和算法去获取和处理数据所耗费的时间超过了人类可处理范围的数据集。还有的学者将大数据定位为人、机、物等多元主体交互融合产生的结果。而在这么多定义中，接受度最高的是从大数据特征的角度进行定义，包括规模性(volume)、多样性(variety)、高速性(velocity)和价值性(value)"4V"特征。也就是说大数据是指那些高价值、低密度的真实型数据集。随着煤矿安全技术和管理信息化的发展，煤矿企业中也积累了大量的安全大数据，例如井下瓦斯浓度、温度、风速、煤炭自燃点等环境类检测数据，设备故障地点、时间、部件等机器类安全数据以及不安全行为、隐患、人员定位、考勤、培训等与人和管理有关的安全大数据。这些煤矿安全大数据也同样符合大数据的"4V"特征，具体的特征如图3-1所示。

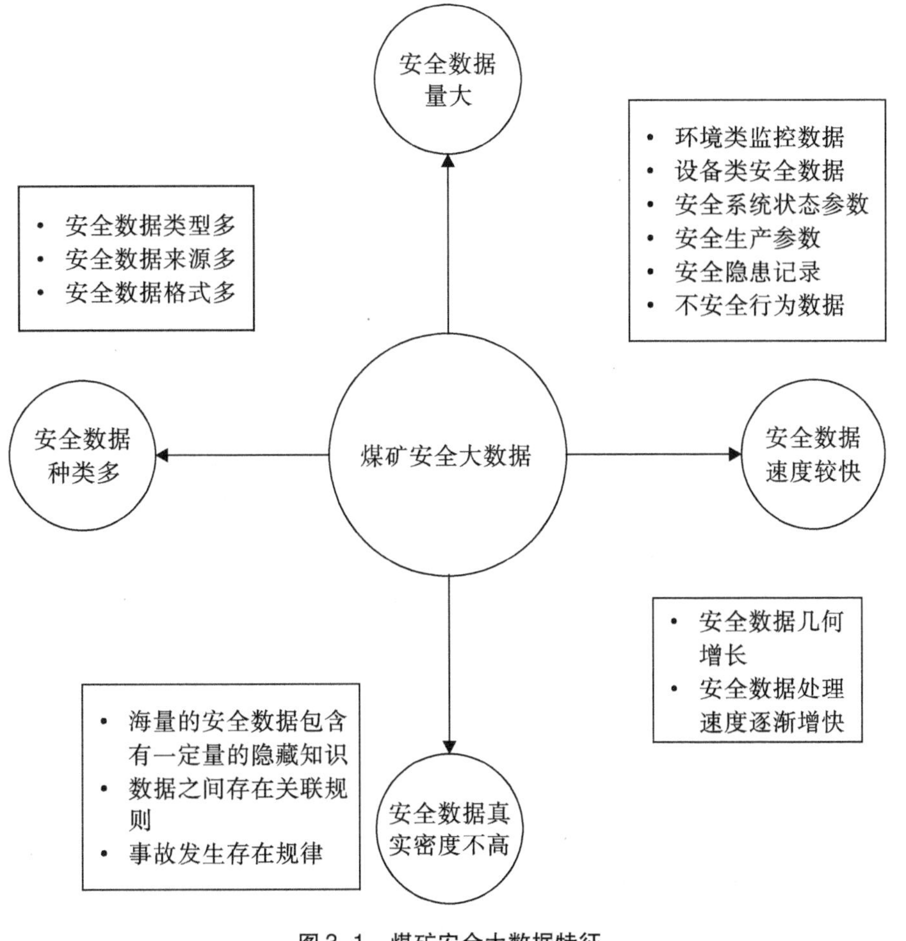

图3-1　煤矿安全大数据特征

1)煤矿安全管理数据规模庞大,且呈现出几何增长趋势。煤矿安全生产的复杂性同样带来安全管理数据的复杂性。在煤矿安全生产数据中不仅包括与人有关的安全数据,同时还包括与设备和环境有关的安全数据。此外,还有煤矿企业整体调度、生产运行的相关安全数据。具体来看,煤矿风险预控系统产生危险源排查、不安全行为发现和隐患治理等与人和管理有关的安全行为数据。煤矿生产设备自检、运行和故障诊断带来设备类安全数据。瓦斯、一氧化碳、温度、湿度、通风等传感器带来了环境类安全管理数据。安全调度部门、安全管理各种手段带来了整体煤矿安全系统相关数据。多方位数据进行汇总和快速发展,带来了煤矿安全管理数据的日益增大,已超出人工处理范围。

2)煤矿安全管理数据种类繁多。煤矿安全管理大数据多种多样,且都没有统一标准。既包括长期不变的静态数据,也包括时刻在发生变化的动态数据。同时还包括形式规整的结构化数据和形式杂乱的非结构化数据。煤矿安全管理数据的采集形式也是多种多样,有来自传感器自动产生的安全管理数据,也还有来自人工录入的安全管理数据。有数值型的安全管理数据,同时还有大量文字性的文本数据。因此,煤矿安全管理数据呈现出多源异构的特征,要实现对不同数据的整合,必然要建立统一数据仓库实现对煤矿安全管理数据的融合。

3)煤矿安全管理数据价值密度低。随着煤矿安全管理数据的增多,有价值的隐形知识数量也在不断增多,只不过增长的速度要远远低于数据量增长的速度。这也就导致安全知识信息在安全数据信息中的比例越来越低。同时,这也是煤矿安全管理的大数据特点,能够从大量非相关性的数据中挖掘出真正有价值的数据,这就是传统安全管理方法目前无法解决的问题。

4)煤矿安全管理数据增速快。长久以来煤矿在中国都被视为高人工参与度,低技术运行的非技术产业。因为煤矿在中国是从人力时代开始的,煤炭的开采和运输都是利用简单的劳动工具进行生产,甚至目前还有部分煤矿企业的设备化水平低,需要大量人力进行开采和掘进。但随着科技的发展,煤矿生产自动化程度越来越高,人员的参与相对减少。这种情况一定程度上会带来安全管理水平的提升,但同样也带来了安全数据量的快速增长问题。信息系统的逐渐增多带来了管理上的便捷,却又需要我们发明新的技术来处理快速增长的安全数据。煤矿安全管理数据来源于两个部分,一类是安全生产活动中产生的大数据，向隐患、不安全行为、培训等是由人的活动产生的。另一类是带有智能设备产生的大数据。这两类数据组成的煤矿安全管理大数据环境使得煤矿安全管理大数据呈现出爆炸增长的趋势。

(2)煤矿安全管理大数据不足

煤矿安全管理大数据具有大数据的"4V"特征，同时自身也会存在一些不足之处，具体如下：

1)安全管理数据分散且质量差。煤矿安全生产系统的复杂性决定了煤矿安全数据的分散性。由于煤矿安全不像交通、建筑和食品等行业安全，其影响因素不仅包括复杂的人-机-环-管因素，还涉及社会、政府和供应链中各企业的安全状况。这些因素导致收集到的安全管理数据较为分散。此外，由于之前大部分的煤矿企业并不重视安全管理数据的收集和处理工作，导致当前煤矿安全管理大数据质量较差，完整性和连续性不足。并且数据类型也较为单一，大多数为数据型数据，视频、照片等多种类型的数据量较小。但随着煤矿企业对大数据的逐渐重视，这些问题在后续研究中会得到逐步解决。

2)煤矿安全管理数据缺乏标准。在煤矿安全管理数据标准方面，煤矿安全监察监管机构并没有制定出相关文件和政策来指导企业应采用何种信息系统标准来收集哪些种类的安全管理数据。这样就导致不同的煤矿企业采购不同的信息系统来获取安全管理数据。在同一个安全信息系统中，也会存在不同标准的通讯协议。例如在煤矿瓦斯监控系统方面，可以划分为便携式瓦斯浓度监测仪、矿用有线瓦斯监测系统、基于无线传感器的瓦斯监测系统。不同的煤矿企业因为成本、地质条件等因素而选择不同的监测系统。而这些监测系统的数据产出格式也没有统一的标准，这为后续的数据提取融合设置了阻碍。此外，不同的安全信息系统之间也缺乏互联性，很多信息系统通过加密手段禁止其他系统的接入，导致不同信息系统之间的数据流通不畅。

3)煤矿多层次安全数据之间缺乏共享性和关联性。我国有一个国家层面的煤矿安全监察机构，几百个地方政府监管机构和上万家煤矿企业。无论是在企业-企业之间，还是企业-政府之间大多数都缺乏安全管理数据的共享性和关联性。由于安全管理数据具有一定的敏感性，大多数的煤矿企业并不希望将这些数据公开或者交换。这样就导致各自空守局部的安全数

据,阻碍煤矿安全管理大数据的形成和发展。

4)煤矿企业信息化能力仍然较弱。煤矿企业中人员结构的整体学历不高,这也就导致信息化在煤矿企业中使用难度增大。很多煤矿企业在引入新的信息化系统后,发现员工不会操作或者操作界面烦琐无序,导致员工对信息化产生抵触情绪。这样又反向促使管理者认为信息化是一种累赘,从而减少在信息化方面的投入。因此,煤矿企业要将大数据引入到内部的安全管理中,一是要利用培训提高员工对信息化操作的技能水平。二是在信息系统设计过程中注重简洁性和实用性。

5)煤矿安全管理大数据理论缺乏。将大数据理论应用到煤矿安全管理中必然需要相应的理论进行指导。从 CNKI 网站上的文献统计可以看出,目前大数据在煤矿安全管理中的应用大多是局部性和片面性的应用,缺乏从整体上把握煤矿安全管理体系的研究。此外将大数据应用到煤矿安全管理理论文献也比较少,导致煤矿安全管理者不能系统地把握大数据在煤矿安全管理中的应用思路和相关内容,从而阻碍大数据在煤矿安全管理中的发展。

6)大数据和煤矿安全复合型人才缺乏。将大数据应用到煤矿安全管理中不仅需要对煤矿安全知识的精通,还需要对大数据理念和数据挖掘技术有一定的了解。从目前企业的实际情况来看,这样的人才在煤矿企业严重不足。在我国从事煤矿安全管理的人员有很多,而擅长大数据分析的人员也在快速增长。但既懂煤矿安全管理又对大数据技术了解的复合型人才却少之又少。这也就从侧面阻碍了大数据在煤矿安全管理上的应用效率。

3.1.3 煤矿安全管理大数据内涵细化

依据上述分析,煤矿安全管理的内涵指的是职能部门利用企业有限的安全管理资源和相关管理制度,协调各部门之间的关联性来减少人、机、环等因素产生危险源和隐患的数量或风险性,从而达到事故减少和安全管理效率提高的目的。然而在大数据背景下,煤矿安全管理的内涵更注重对煤矿安全管理大数据的管理。煤矿企业中包含有多重多样的任务和工序,并利用多个部门之间的协作关系实现对煤矿安全管理任务的管理。在这个过程中,不同部门下在执行任务和工序过程中都会产生大量的安全数据,而这些安全数据大体能够反映不同部门主体的安全性。因此,大数据背景下的煤矿安全管理本质是利用大数据来代替传统安全管理主体,通过利用多种数据挖掘分析手段来达到安全管理效率提升的目的。目前,煤矿企业中所使用的信息系统越来越多元化,有学者统计煤矿企业中常用的安全生产管理信息系统数量已超过数十个。而企业的安全管理者面对多个系统 24 小时不间断产生的安全数据显得力不从心。虽然能从表面上找出部门管理过程中存在的异常数据值,但隐含的安全信息却很难通过人力计算进行获取。因此,大数据背景下的煤矿安全管理内涵应注重对安全管理数据的采集、清洗、加工和分析得到有价值的安全管理规则和规律,从而为企业管理者制定安全决策提供现实依据。煤矿安全管理大数据内涵进一步细化,可以体现在以下几个方面:

(1)煤矿安全直接管理对象的改变

大数据背景下煤矿安全管理对象由传统的实物个体(部门、班组、矿工、设备、环境等)向实物个体产生的安全管理大数据转化。通过对煤矿安全管理数据的管理,再进一步作用于煤矿安全管理实体对象,增加安全管理效率(图 3-2)。换句话来说,大数据背景下的煤矿安全管理并不是要摒弃传统的安全管理对象,而是在它们之间增加一个煤矿安全管理大数据,实现对传统安全管理对象的间接管理,这样有助于实现对传统安全管理对象的具体化和简洁化。

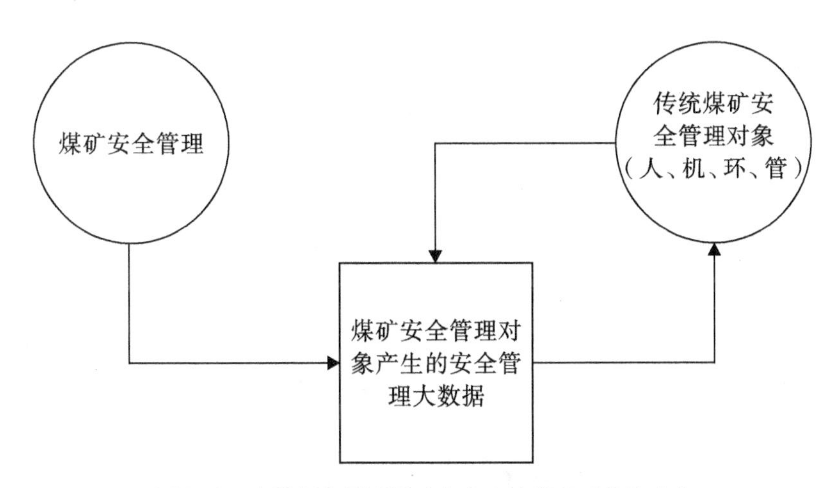

图 3-2　大数据背景下煤矿安全直接管理对象的改变

(2)煤矿安全管理方式的改变

大数据背景下煤矿安全管理方式由传统的经验式管理和制度式管理转

变为预控式管理和数据式管理。安全管理方式依照等级程度可以划分为：经验式管理、制度式管理、风险预控管理和安全文化管理(图3-3)。安全文化管理是企业安全管理的最高层次，在这个阶段矿工受到安全文化的熏陶，从而积极主动的去寻求安全。数据式的安全管理方式介于风险预控管理和安全文化管理之间的一种方式，是实现风险运控安全管理转变为安全文化管理方式的重要媒介。这几种安全管理方式可以在企业并存，并可以以主辅相结合的方式使用，例如风险预控管理为主，经验式管理为辅的两两相结合的方式，也可以数据式管理为主，风险预控和制度式管理为辅的多种安全管理相结合的方式。

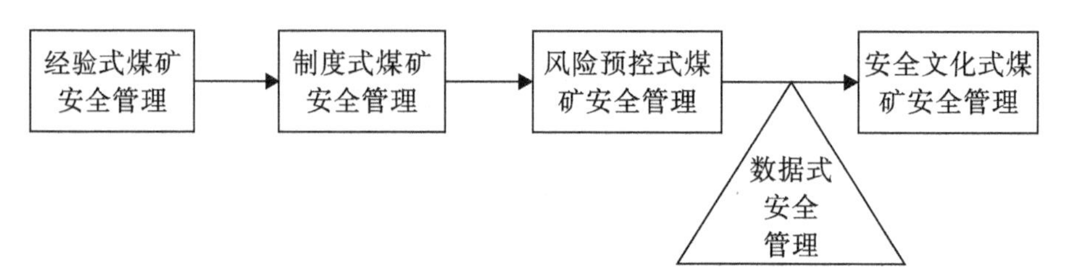

图3-3　大数据背景下煤矿安全管理方式的改变

3.2　煤矿安全管理大数据分类

截至2018年底，国家煤矿安全监察总局和地方政府部门还未建立起相关大数据煤矿安全管理平台来完善煤矿安全管理大数据的收集、清洗、挖掘和分析工作。目前安全管理大数据仍然分散在政府监管部门、地方监管部门和煤矿企业，以及其他与煤矿安全管理相关的部门。在构建煤矿安全管理大数据平台之前，首先要弄清楚煤矿安全管理大数据的类型划分。本书根据数据属性、类型、形态等要素的不同对煤矿安全管理大数据进行划分，并最终给出了煤矿安全管理所包含的基础数据和衍生数据。

3.2.1　数据的形态

根据数据的形态特征可以将煤矿安全大数据划分为静态大数据和动态大数据(表3-1)。具体的特征及包含的数据如下：

(1)静态数据

静态数据是指在运行过程中主要作为控制或参考用的数据，它们在很长的一段时间内不会变化，一般不随运行而变。煤矿企业中存在许多静态数据例如危险源数据、隐患排查数据、安全事故数据等。已经发生或有记录的事故、职业病、安全隐患等安全数据信息，采集、利用时要注意其时效性。

(2)动态数据

动态数据的概念一般是与静态数据相对的，在煤矿生产系统应用中随时间变化而改变的连续型数据。通过利用时序数列分析能够感知煤矿安全管理水平变化趋势，从而达到预测的目的。在煤矿企业中动态数据大多来源于设备、环境监测传感器产生的实时数据。主要包括井下人员位置数据、瓦斯浓度、风速、温度、顶板压力等环境类数据以及煤矿生产设备运行日志数据等。

表 3-1　依据数据形态的煤矿安全管理大数据划分

静态数据	动态数据
矿工个人安全基本信息、职业病、安全隐患、煤矿事故伤亡人数、安全管理制度、安全培训等	视频监控数据、人员定位数据、安全考勤数据、煤矿生产设备运行日志、环境监测数据。传感器数据：一氧化碳浓度、井下温度、湿度、照明亮度、地质压力、顶板压力、煤层温度、通风速率、甲烷浓度等

3.2.2　煤矿事故要素

根据煤矿事故要素的不同可以将煤矿安全大数据划分为人自身的安全大数据、设备类安全大数据以及环境类的安全大数据(表 3-2)。具体的特征及包含的数据如下：

(1)人的行为类安全数据

人的安全大数据主要指的是矿工自身的数据及表征人的安全心理、行为、人性等状态的安全大数据，如表征人的风险感知能力的数据信息、学历、培训、出勤情况。

(2)设备类安全数据

设备类安全大数据主要指的是煤矿生产过程中所用设备产生的与安全有关的数据。煤矿企业中包含有大量的生产设备,包括采煤机、局部通风机、风筒、水泵、各种馈电开关、缆车、运输车、电缆、钻机、顶板液压支架、防爆电话机、罐笼、绞车、自救设备、除尘器、主通风机以及一些传感器设备等。这些设备都存在以下的安全管理数据,例如表设备的可靠度、故障率、安全等级等数据信息。

(3)环境监测安全数据

煤矿井下环境复杂多变,所面临的风险主要来源于瓦斯浓度、冲击地压、煤尘粉尘、温度和湿度、氧气浓度、透水、煤质温度等环境类因素。这些因素大多可以通过传感器进行实时监测,主要产生的环境类安全数据包括:一氧化碳浓度、井下温度、湿度、照明亮度、地质压力、顶板压力、煤层温度、通风速率、甲烷浓度等。

表 3-2 依据煤矿事故要素分类的煤矿安全管理大数据划分

人的行为类安全数据	设备类安全数据	环境监测安全数据
年龄、学历、培训、出勤、婚否、不安全行为数量、不安全行为等级等	设备的可靠度、故障率、安全等级等	传感器数据:一氧化碳浓度、井下温度、湿度、照明亮度、地质压力、顶板压力、煤层温度、通风速率、甲烷浓度等

3.2.3 数据类型

根据数据采集类型的不同可以将煤矿安全大数据划分为:数值型数据、文本型数据及视频、音频等数据(表 3-3)。具体如下:

(1)数值型数据

煤矿安全管理数值型数据是指利用数字进行量的表示,并且可以通过相应数据运算方法进行处理的煤矿安全管理数据。例如在煤矿企业中常见的煤炭产量、煤矿事故死亡人数、百万吨死亡率、安全管理投入、不安全行为和隐患数量及风险等级等数据。数值型的数据是煤矿安全中的常用数据,可以直接使用,提高数据处理效率。

(2) **文本型数据**

煤矿安全管理文本型数据是指利用文字、图表、非数值型数字等形式表达的数据。目前,在煤矿企业中包含有大量的文本型数据,包括国家和企业层面的煤矿安全管理规章制度、煤矿安全管理相关法律、煤矿企业进行统计分析安全隐患、安全事故发生的地点、原因、人员等以及安全文化手册和宣传标语等。文本型的煤矿安全管理数据具有冗余度大、文本型挖掘算法少的特点。并且针对中文的文本挖掘目前还没有形成理论与技术体系。针对于文本型数据的挖掘方式包括:特征提取、文本分类、文本聚类和文本结构分析等。煤矿企业中文本型的数据占据有较大比例,并且这一块数据很少有人进行开发和挖掘。因此,煤矿安全管理文本型数据挖掘需要更大的关注和投入。

(3) **视频、音频、图像**

煤矿企业中还存在一些监控视频、通信录音、矿图、不安全行为及隐患照片等数据。虽然数据量并不大,且冗余内容较多。但该部分的数据同样也是煤矿安全管理中不可或缺的数据。

表 3-3 依据数据类型的煤矿安全管理大数据划分

数值型数据	文本型数据	视频、音频、图像
煤炭产量、煤矿事故死亡人数、百万吨死亡率、隐患数量、风险等级等	煤矿安全管理制度、隐患描述、安全文化宣传标语等	煤炭运输视频、矿图、机电设备分布图、违章照片、视频等

3.2.4 操作系统数据

煤矿企业中含有大大小小几十个操作系统,而信息系统的数量正随着技术的不断进步而逐渐增加,使得传感器能够覆盖大部分煤矿环境。目前在煤矿企业中主流的信息化操作系统包括:一氧化碳、温度、湿度、氧气、通风速率等环境类信息系统,人员定位、员工考勤、员工培训等人员类信息系统以及设备诊断、设备复原等机械类信息系统和安全调度系统、风险预控管理信息系统等管理类信息,具体的操作系统和包含的数据信息如表 3-4 所示:

表 3-4　依据信息系统的煤矿安全管理大数据划分

分类	信息系统	数据内容
与人有关的煤矿安全信息系统	人员定位管理信息系统	人员部门、人员职务、人员所在位置、人员定点位置时间等数据
	人员考勤管理信息系统	上班时间、下班时间、迟到次数、出勤率等数据
	员工培训管理信息系统	培训时间、培训次数、培训合格率、培训内容等数据
与设备有关的煤矿安全信息系统	煤矿设备管理信息系统	设备需求、设备入库时间、设备领用记录、设备报废记录、设备维修记录、设备租赁记录等数据
	煤矿设备诊断信息系统	故障时间、故障原因、故障位置、故障维修人员、故障负责人等数据
与设备有关的煤矿安全信息系统	环境监测监控系统	一氧化碳浓度、井下温度、湿度、照明亮度、地质压力、顶板压力、煤层温度、通风速率、甲烷浓度等报警时间、地点、处理人员、处理时间等数据
与管理有关的煤矿安全信息系统	风险预控管理信息系统	危险源、隐患数量及内容描述、风险等级、控制标准和措施、隐患整改时间等数据
	安全调度管理信息系统	日常安全生产任务、事故致因分析、事故汇报、掘进任务等数据
	煤矿成本管控信息系统	煤矿各部分安全投入金额、成本考核管理、基础数据等

3.3　煤矿安全管理大数据与小数据特征

目前很多学者尝试从大数据和小数据的角度对比不同社会科学研究范式的区别和优缺点。因此，本章节也尝试比较煤矿安全管理的大数据和小数据的优劣势，从二者各自的内涵、区别、优劣势和相互结合范式几个方面进行探究，主体内容如下：

3.3.1 煤矿安全管理大数据与小数据的内涵

在煤矿安全管理领域，凡是能代表煤矿安全生产的数据都可以称为煤矿安全管理数据。其中适用于传统安全统计理论分析的小样本数据称之为煤矿安全管理小数据，而适用于大数据理论的全样本数据称之为煤矿安全管理大数据。小样本数据大多来源于人工设计，经过统计、加权、归一化等手段后，形成的满足传统安全统计方法所需的数据。这类数据一般具有滞后性和分散性的特点。安全大数据大多来源于企业自身存在的数据，在经历收集、清洗、融合等手段后形成的满足数据挖掘方法的目标数据，其特点是真实性、全面性和可扩容性。然而，需要指出的是，煤矿安全管理小数据在体量上不一定小于煤矿安全管理大数据。大数据和小数据只是一个相对的概念，只要能满足于当前煤矿安全管理大数据挖掘目标的数据就可以称之为大数据。

此外，煤矿安全管理大数据所涉及的类型和范围也在不断扩大。煤矿安全管理大数据由原来的数值型数据，扩大到后来的文本型数据以及图片、视频、音频等数据。这些数据的出现同样带动了大数据挖掘方法的快速发展。在煤矿安全管理研究领域上，大数据的研究范围往往要大于小数据。小样本数据下的煤矿安全管理方法讲究的是对问题的针对性和集中性，而大数据样本下的煤矿安全管理研究方法更讲究的是对问题的全面性和包容性。因此，煤矿安全管理大数据不在仅仅局限煤矿企业内部安全管理数据和监管机构的安全管理数据，而是向更外部的大数据发展，例如，社会对煤矿安全的舆情数据、安全法律法规等数据。

3.3.2 煤矿安全管理大数据与小数据的区别

从上述内涵可以看出，煤矿安全管理大数据和小数据在数据理论方面、方法上面以及研究思路上面都有着许多不同，表3-5从10个方面探讨了煤矿安全管理大数据和小数据的特征，具体如下：

表3-5 煤矿安全管理大数据与小数据的区别

序号	特征	煤矿安全管理大数据	煤矿安全管理小数据
1	数据类型	结构化、半结构化和非结构化	结构化
2	数据关系	注重关联性	注重因果性
3	数据收集平均成本	较低	较高
4	数据收集方式	机器统计为主	人工收集为主
5	数据样本容量	全样本数据	代表性样本数据
6	数据状态	动态为主	静态为主
7	数据处理方法	机器学习与计算机统计	概率与数理统计
8	研究方法特点	全面性、客观性、动态性	针对性、变异性、推断性
9	研究思路	先挖掘后验证	先假设后验证
10	分析结果	精确率低	精确率高

在数据角度方面，煤矿安全管理大数据和小数据在数据类型、数据关联关系、数据收集平均成本、数据收集方式、样本容量都存在不同。首先大数据的数据类型是多种多样的，既包括结构化数据，也包括半结构化和非结构化数据。而安全管理小数据的类型主要以结构化数据为主。其次，大数据更注重数据之间的关联性，而小数据更注重数据之间的因果性。然后，大数据整体的收集数据成本也许要比小数据高，但平均数据成本往往是比小数据低。此外，大数据收集方式以计算机机器收集为主、人工收集为辅。而小数据的收集方式往往相反，以人工收集为主、机器收集为辅。最后在数据样本容量方面，煤矿安全管理大数据分析采用的是全样本数据，而安全小数据则会对数据进行筛选，选择有代表性的数据，去除影响较小的数据，从而减少模型复杂度。

在研究方法上面，煤矿安全管理大数据的研究方法大多采用机器学习和计算机网络统计的研究方法对研究目标的全面性、动态性和客观性等特点进行分析。而煤矿安全管理小数据主要采用概率论与数理统计的方法针对研究目标的变异性、推断性等特点进行研究。

在研究思路上面，煤矿安全管理大数据一般在确定安全目标后，收集数据并进行数据分析，然后将结果与目标进行比较，对结果进行验证。煤矿安全管理小数据的思路主要在于确定安全目标后，先进行假设研究，然后构建安全管理模型,利用得到的结果与安全目标进行比较,对结果进行验证。小数据由于使用的数据量较少,以及模型的匹配性更好,所以其结果的精确度要稍高于大数据分析结果。但目前随着大数据算法的逐渐优化,这种差距在逐渐缩小。

3.3.3 煤矿安全管理大数据的优势和局限性

近几年大数据爆炸式的发展使得一些人认为大数据无所不能,然而大数据在其自身的优势之外,还会存在一些局限性。具体的优势和局限性如下:

(1)煤矿安全大数据的优势

一是,安全管理大数据的全面性带来的不用指标筛选的优势。在利用传统小数据分析时,最让学者们头疼的是指标选取的问题。影响煤矿安全管理的因素有很多,如何选取指标,怎样提取数据成为小数据的一个难点。虽然现在有各种各样的指标选取方法,例如层次分析法、解释结构模型、因子分析等。但这些方法永远解决不了数据全面性的问题。然而,利用煤矿安全管理大数据不用再考虑对数据抽样的问题,因为所有的数据都可以用来分析,然后借助于挖掘算法来实现对数据的处理。

二是,安全管理大数据带来的高速信息处理能力。大数据最主要的功能就是对大量数据的处理,然后找出有效的关联规则。目前煤矿企业每天、每个小时甚至每分钟都产生大量的人力不能够处理的安全数据。而利用与大数据有关的计算机技术,可以从大量的"数据海"发现潜在的有用关联信息来为管理者安全决策提供依据。其次,高速的信息处理能力能够让研究者发现某些数量稀少,并且从表现上人脑无法进行判断的特征人群,例如煤矿企业中不安全行为特征人群。安全管理者从表面接触到的信息很难判断这些人员发生不安全行为的概率,而通过这些人员的安全数据,可以从中找出潜在的不安全人员,从而实现提前控制。

三是,安全管理大数据带来的资源整合能力。大数据给煤矿安全管理带来了资源整合的优势,传统安全管理的方式是直线型的,而大数据下的安全管理方式变成了非线性网格状。从而实现了对各种资源的整合,解决一些原本不能解决的安全问题。但是互联网和大数据技术的出现使得将这些知识数据整合在一起成为了可能,在并没有扩展过去整体知识的条件下,解

决癌症治疗问题。同理,我们相信将煤矿事故管理大数据进行统计分析,可以最终完全避免煤矿事故的发生。

(2)煤矿安全大数据的局限性

一是,安全管理大数据发展带来的算法滞后性。有学者指出人类已经进入到大学时代,互联网上的数据每两年就会翻一倍。然而大数据算法更新的速度却发展缓慢,远远跟不上大数据体量增长的速度。这样又会出现传统管理中的信息过载问题。尤其是在煤矿安全管理理论,具有针对煤矿安全管理的数据挖掘算法少之又少,而通用的数据挖掘算法会存在不切合的问题。因此,学者们需要研究大数据复杂性的解析和大数据计算的模型来增强大数据处理能力。

二是,安全管理大数据的异构性和不完备性。机器学习只能处理同构的数据,对异构数据必须进行结构化处理。而煤矿企业中含有大量的异构数据,各个信息系统标准的不同需要花费大量的时间和经历对不同结构的数据进行处理。在此基础上,对数据还要进行清洗和纠错,对缺失和错误数据要进行处理。此外,对于安全管理大数据的全面性不同人有不同的理解。有些研究者会常常混淆大数据分析的结果。利用从网络上提取数据进行分析来替代中国整体现状。然而网络使用者在中国也仅仅只能占到总人口的40%左右。这也就是说,通过网上大数据所得到的结果也仅仅适用于正常网络使用者范围,而不能将其上升到整个国家层面。

三是,安全管理大数据的隐私性。大数据快速发展的一个重要原因是数据获取变得更加容易、透明。然而在这些数据中仍然存在一些隐私性数据不易获取,例如人的手机号码、银行卡号、身份证号、短信信息。这些数据一般是由政府部门或者国有背景企业进行把控,这些信息一旦大规模泄露将影响整个社会的安全稳定性。同样的问题也出现在煤矿企业中,一般来说煤矿企业并不愿意将自身的安全管理数据进行分享。一是,这些数据中的事故死亡人数具有敏感性和舆论性;二是,数据还涉及到企业的生产运行状况,这些数据的公开可能会导致股票的暴跌和政府部门的严厉监管等问题。此外,利用煤矿安全管理大数据得到的相关结论后,却无法提供数据进行验证和共享,使得研究结论缺乏权威性,从而限制当前煤矿安全管理大数据的发展。

四是,安全管理大数据注重相关性却缺乏因果性。大数据最严重的问题是不能解决因果问题，也许有的学者认为不需要知道事物之间的因果关系，只需要知道事物之间的关联关系就可以解决问题。然而，事实并没有想象中的那么简单。例如，在超市购物中，有的学者利用大数据关联规则对超市物品进行关联分析，发现买了红酒和开瓶器之间存在关联性，于是将高档红酒和开瓶器进行捆绑销售，最后却导致销量下降。所以，明晰事物之间的因果性显得尤为重要，尤其是在煤矿安全领域，微小的不安全因素有可能会酿成惨痛的事故。所以，在利用安全管理大数据得到的关联关系后，还需对它们进行因果解释。事物之间的因果联系是先行后续的关系，是引起和被引起的关系。原因总是伴随一定的结果出现，结果也总是由一定的原因引起。因此，对煤矿安全管理大数据研究的前提是必须承认因果关系的普遍性和客观性。

3.3.4 煤矿安全管理小数据的优势和局限性

煤矿安全管理小样本数据经历了较长时间的发展，形成了一套从研究假设、指标收集、模型构建和应用的完整体系。但相比于大数据，它又有自身的一些缺点和局限性。具体内容如下：

（1）煤矿安全管理小数据的优势

从煤矿安全管理大数据的局限性可以看出，在当前的研究体系中，大数据并不能完全替代小数据的作用。而煤矿安全管理小数据的优势也是当前大数据所不能够实现的，具体如下：

一是，小数据的研究体系完善。煤矿安全管理小样本数据经历了较长时间的发展，形成了一套从研究假设、指标收集、模型构建和应用的完整体系。而煤矿安全管理大数据仅处于起步阶段，缺乏相应的理论和方法支撑。这就导致目前煤矿安全管理大数据的研究是碎片化的，缺乏系统性。当前的煤矿安全管理小数据体系很成熟，当面临一个新的煤矿安全问题后，能够迅速地做出回应，并且所得到的结果也是切合实际情况。

二是，小数据的研究更具有针对性。煤矿安全管理大数据来源企业中已经存在的安全数据，这些数据有可能并不合适当前研究的目的，造成数据和问题不匹配的问题。而在煤矿安全管理小数据研究中，研究者可以根据自身需求进行数据获取，当面对一些非定量化指标时，也可以通过问卷调查、访谈、专家打分等手段进行数据的补充。此外，煤矿安全管理小数据还

能获取一些未发生的安全管理数据，例如通过实验或情景设置等手段来模拟未发生的安全情况来获取数据。这些数据来源使得当前煤矿安全管理小数据的研究更具有针对性。

三是，小数据在因果关系分析上的优势。因果关系是探求事故本质的基石，煤矿安全管理小数据在这方面也具有优势。因为传统安全管理理念的发展是建立在对因果关系探知的基础上而形成的。在煤矿安全生产过程中，安全管理者不仅要知道安全事故发生了什么，还要知道为什么会产生这些安全事故。这样才能有针对性地解决安全问题。大数据为我们提供关联关系，但缺乏对这些关联关系的因果解释。小数据则注重于对数据之间因果关系的探究。因此，将大数据和小数据结合使用也是未来煤矿安全管理的发展趋势。

四是，小数据更容易解决数据敏感性问题。之前提到过煤矿安全管理大数据由于会涉及事故数量、伤亡人数、财产损失等敏感性数据，导致这些数据并不能进行公开，因此在没有政府支持的环境下很难去获取这些关键信息。而煤矿安全管理小数据并不需要大量的敏感性数据，只需要一小部分就可以进行研究。此外，还可以通过抽样、仿真、数据转换等技术手段避免将这些敏感性数据直接进行展示。因此煤矿安全管理小数据在解决数据敏感性方面更具有优势。

(2)煤矿安全小数据的局限性

首先，小数据带来的过度拟合问题。由于小数据所选取的样本数量太少。大多是采取抽样的方法来提取数据，这样就会存在很大的概率造成分析的过度拟合问题。因为训练数据有限，无法体现数据整体的分布。用给定的不充分的数据集上学习到的模型，去预测未知数据集上的数据，很大可能产生过拟合现象。如给定数据仅能够拟合出一个线性模型，而训练集和测试集总体服从非线性分布，用线性模型去预测非线性分布的数据，泛化能力显然不好。

其次，煤矿安全管理小数据理论发展受限问题。小数据的应用大多是基于现有的理论假设进行研究的。虽然完善的煤矿安全管理小数据理论能够快速指导研究者上手研究，但同样也带来了创新性不足的问题。当前的安全小数据理论从20世纪初期发展至今已经变得非常成熟。在成熟的研究体系中想要实现对理论的创新是一件非常困难的事情。而煤矿安全管理大数据理论是一个新兴学科，里面有许多还未探索的地方值得研究学者进行深度研究。所以，煤矿安全管理小数据理论存在发展受限的问题。

再次，煤矿安全管理小数据时效性差的问题。煤矿安全管理小数据大多数是等安全问题出现一段时间，才利用人工进行数据的收集。在安全问题和对应的安全管理数据之间存在一定的延迟性。当出现新的煤矿安全隐患和事故时，煤矿安全管理小数据必须要体现出伤害或者损失才能开始着手研究。而大数据更注重安全管理数据的时效性，当出现问题数据后，可以立刻采用相关数据挖掘算法进行分析，得到有效的关联关系。此外，煤矿安全管理小数据易受到时间因素的影响，以前的煤矿安全管理小数据理论在当前安全管理问题时会存在一定不匹配性。导致分析出来的结果不令人满意。

最后，煤矿安全管理小数据过度注重因果性问题。煤矿安全管理小数据擅长于发现数据之间的因果性，但同样也带来了因果关系的同质性和模糊性。从目前的煤矿事故致因理论来看，90% 以上的学者将煤矿事故致因划分人、机、环、管四个要素，这样就限制了学者对煤矿事故致因的本质探究。同时，面对不同的安全情况，究竟是四者中谁的作用更大，传统的煤矿安全管理小样本研究很难给出确切的关系。因此，在煤矿安全管理研究过程中要实现关联和因果的相互结合。

3.3.5 煤矿安全大数据与小数据的相互结合

通过上述研究发现，煤矿安全管理大数据和小数据有着各自的优势和局限性。通过构建二者相互结合的规律和方法可以帮助二者取长补短，实现共赢。具体内容如下：

(1) **大数据思维与小数据思维的结合**

大数据思维更具有动态性、关联性、前瞻性和全面性。而小数据思维具有针对性、因果性和成熟性。小数据思维已经在煤矿安全管理领域得到长期应用，处于成熟阶段，但缺乏创新性。而大数据思维下煤矿安全管理正处于快速成长阶段，但缺乏稳定性。这就要求学者们在面对一个煤矿安全管理问题时，应从大数据和小数据思维多角度来进行全面考虑。当使用小数据思维不能解决煤矿安全管理问题时，应考虑将大数据思维引入。同理，当使用大数据思维不能解决煤矿安全管理问题时，应考虑将小数据思维引入。

二者相互结合来促使煤矿安全管理理论体系的创新性发展。

(2) **大数据的关联关系与小数据因果关系的结合**

利用大数据找出煤矿安全管理体系中存在的隐藏关联关系，然后利用小数据分析这些关联关系之间的因果性。目前，由于大数据的精确性问题，只能告诉我们煤矿安全管理的问题“大概是什么”，还未达到实验科学的准确性。但是大数据善于找出小数据理论不能发现的关联关系，再根据这些关联关系构建一系列的假说，研究学者们可以根据其安全管理要求有计划地设计和进行一系列的实验、观察、仿真等手段来验证这些关联关系的准确性，从而发展成为煤矿安全科学理论的基础。

(3) **大数据的群体分析和小数据的个体分析的结合**

大数据对于群体行为的预测准确率要远远高于对个体行为的准确率。这主要是由于群体的数据量更大，有效的关联关系更多而导致的。小数据擅长于对个体特征的分析，针对单个岗位、事故、个体行为的分析结果精度要高于大数据的单体分析。因此，可以将大数据群体分析和小数据个体分析相结合。首先，通过大数据的安全预测功能来把握整体安全分析趋势。然后，再利用煤矿安全管理小数据分析对其中的个体进行重点分析，从而能够更准确地把握煤矿安全管理发展规律。

(4) **大数据机器学习算法与小数据概率统计方法的结合**

大部分的煤矿安全管理模型都是经过反复论证而得到的，在这个过程中研究者的参与度非常高，容易导致模型的主观因素过多的问题。而大数据虽然信噪比比较高，其主要反映的是变量之间的关联关系，但其研究者的介入度很低。因此得到的结果更具客观性。此外，小数据统计方法具有一定的框架限制，导致突破原有框架进行创新的难度很大，但是计算机技术和大数据算法恰恰提供进行煤矿安全管理理论二次创新的可能性。将二者进行结合可以实现煤矿安全管理理论、模型、算法、数据处理等方面的创新。

(5) **煤矿安全管理大数据与传统小数据模型的结合**

煤矿安全管理小样本数据经历了较长时间的发展，形成一套从研究假设、指标收集、模型构建和应用的完整体系。然而传统的小数据理论模型大部分并不适合处理大量的安全数据。因此，可以适当对安全管理模型进行改造,使其能够完成对安全管理大数据的处理,从而将改良后的小数据模型与煤矿安全管理大数据相结合实现决策上的改进。同理,有些大数据模型也并不适用于小样本数据,通过将大数据模型进行改进来丰富当前小数据理论模型,同样也不失为一种创新手段。

3.4 煤矿安全管理数据、信息和规律的关系模型

通过上述对基于大数据的煤矿安全管理内涵、区别以及优缺点分析可知,煤矿安全管理大数据本质上是利用煤矿安全管理大数据来代替传统安全管理主体,通过利用多种数据挖掘分析手段来找寻隐藏在数据背后的安全规律。但煤矿安全管理大数据是如何转化为安全规律以及转化过程的基本范式是什么是我们后续将要进行探讨的问题,具体如下:

在构建煤矿安全管理大数据与安全规律之间的转化模型之前,首先应明晰煤矿安全管理大数据、安全信息、安全知识和安全规律四个方面的基本定义,煤矿安全管理大数据指的是对煤矿安全管理现象的一种客观描述和记录,其形式包括数值、文本、视频、音频、图片等形式。煤矿安全信息指的是在煤矿安全生产过程承载安全管理现象的物质和能量,常见的安全信息包括警示标准、上级命令等。煤矿安全知识指的是在安全实践中发现的符合企业安全生产发展需要的成果,并能够用于推理和预测。常见的安全知识包括瓦斯爆炸知识、安全管理知识等。安全规律指的是安全生产过程中存在的必然、稳定和会重复出现的客观隐藏关系,安全规律一直存在的,并不会随着问题的解决而消失。常见的安全规律包括:二八定律、海恩法则、多米诺骨牌理论等。

基于上述的概念和定义,本节尝试构建煤矿安全管理大数据、安全信息、安全知识和安全规律之间的关系和转化模型,具体如图 3-4 所示。

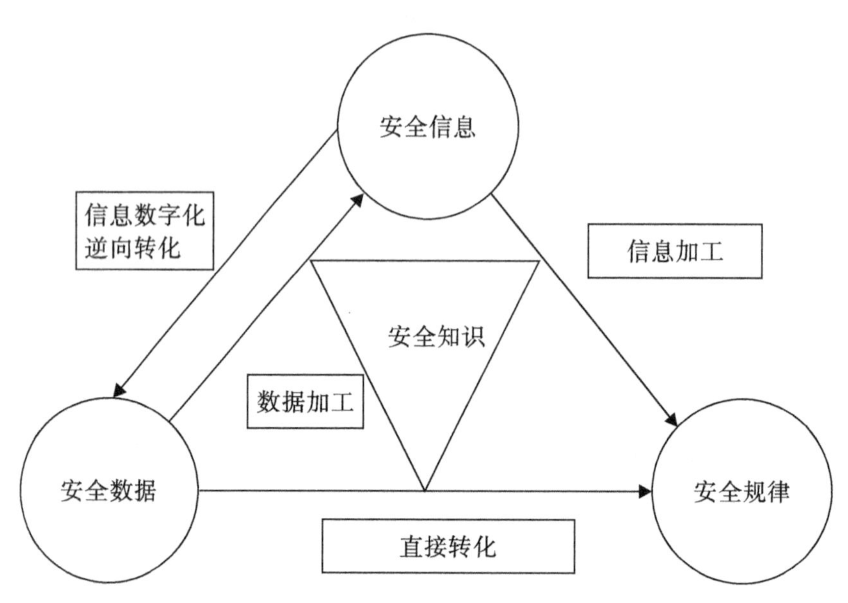

图 3-4 煤矿安全数据、安全信息与安全规律的转化模型

由图 3-4 可知，煤矿安全管理数据、信息和规律之间并不是简单的直线型模式，而是涉及到四条安全转化路径的三角模式，分别为安全数据直接转化为安全规律模式、安全数据先转化为安全信息再通过信息加工转变为安全规律模式、安全信息直接转化安全规律模式，以及安全信息逆向转化为安全数据再转换为安全规律模式。这四种模式都以安全知识作为中介变量进行转换。具体的分析过程如下：

(1) 从煤矿安全数据到安全信息的转化

数据是信息的载体，而信息是数据的外在表现形式。通过利用安全数据加工的方式将煤矿安全数据转化安全信息，常采用的数据加工方法包括：数据清洗、数据去重、数据补缺、数据降维等手段。而在数据转化为信息的过程中，安全知识也起到支撑作用，煤矿安全的数据加工应以安全知识作为指导来实现对安全信息的转化。依据安全数据之间存在的知识关系来综合提取安全信息是安全数据转化为信息的主要功能。

(2) 从煤矿安全信息到安全规律的转化

将安全信息转化为安全规律是传统安全小数据管理的重要理念，并且需要多个步骤。首先是对煤矿安全信息的收集，依据制定好的安全研究框架和指标体系构建来从大量安全信息中找出所需的安全信息。当面对无法直接从现有信息刷选出有用信息时,还需对信息利用专家打分、层次分析、主成分分析等方法进行二次筛选和加工来取其精华。

对收集来的客观安全信息需要将安全知识作为媒介来实现对安全规律的主观升华。安全信息大多针对企业安全状况的一种事实描述,而安全规律则是通过将这些安全信息进行提炼、统计分析、归纳、总结得到有用的安全知识,这些安全知识在经历验证后形成安全规律。这些规律将对安全管理水平的提高起到至关重要的作用。

(3)从煤矿安全数据到安全规律的转化

煤矿安全数据直接转化安全规律是煤矿安全管理大数据思维的体现。随着大数据技术手段的不断增强,将安全数据直接转换为安全规律成为了一种可能。通过直接对数据进行抽取、清洗、融合和挖掘等手段直接找出煤矿安全管理中的相关安全规律,实现了数据对安全规律的直接转化。

(4)从煤矿安全信息到安全数据的逆转化

信息化技术的发展使得安全信息逆转化为安全数据成为可能。一般学者都认为数据从信息中获得,数据的范围要远远大于信息。但随着计算机技术的发展,信息也可以表达出有效的安全信息。例如商场中的条形码信息,通过扫描条形码信息,我们能够知道该商品的名字、价格、生产日期、产地等许多有用的数据。而在煤矿安全管理中,也可以观察到同样的现象。通过扫描安全生产设备上的二维码,可以找出当前安全设备的生产日期、运行状况、运行时间、故障情况等。安全信息向安全数据的逆转化就像是安全小数据向大数据发展的一种常见的过程,在某些特殊情况下,需要将安全信息转化为安全数据,再进行安全规律的挖掘。

3.5 时空数据场理论下煤矿事故机理

传统事故致因理论认为煤矿事故的发生是由人、机、环、管四个因素之间的耦合作用导致的。从图 3-5 中可以看出,人的不安全行为会导致人员出现失误,设备的不安全状态会导致设备出现故障,环境的不安全状态会出

现脆弱的环境，管理的缺陷会致使管理上的失效。这些风险要素在超过自身的风险阈值后，可以直接导致事故的发生。然而，还有一些潜在的风险，在未达到自身风险阈值的状态下，并不会直接导致事故的产生，而是与其他风险因素之间发生耦合作用，可以是一个风险因素，也可能是多个风险因素，从而进一步地引发事故。

然而传统的事故致因理论并不能指导大数据在煤矿安全管理中的应用思想。因此本节将引入数据场理论，从时间和空间数据交叉角度来分析大数据背景下煤矿事故的发生机理，从而为现代煤矿安全管理大数据分析提供理论基础。

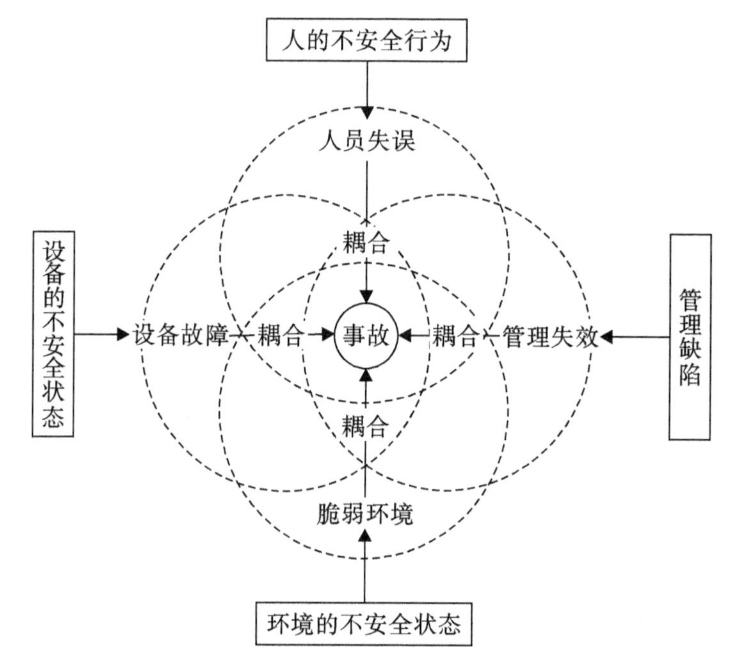

图 3-5　煤矿事故多维轨迹交叉风险耦合致因模型

3.5.1　煤矿安全管理数据场理论

在分析大数据视角下的煤矿事故发生机理之前，我们将先明晰数据场理论的基本概念。数据场的概念来源于李德毅院士对物理学中场的思想的改进，将数据与场的思想相结合，形成了数据场的概念。提出数据场的初衷是为了解释空间中粒子之间的相互作用。而数据被看作为一种具有质量的质点，通过数据质点之间的关联关系形成了具有一定分布规律的空间，这个数据空间就简称为“数据场”。在数据场中，数据和数据之间并不是孤立存在的，而是具有某种内在的联系，这种联系也是当前大数据理论所追求的关联关系。

煤矿安全管理数据场理论将研究领域固定在煤矿安全领域，在煤矿安全数据空间中，通过对煤矿安全管理大数据进行提取、清洗、融合等手段，形成煤矿安全信息网络，这个信息网络之间点与点的联系构成了煤矿安全管理数据场。煤矿安全管理数据场的形成不仅体现在时间方面，同样也注重对空间的表达。因此，煤矿安全管理数据场具有动态、多维、异质等时空数据特点。具体可以划分为两个方面：

(1)**时间数据层面**

时间层面的煤矿安全管理数据场注重从时间序列的角度对煤矿安全管理数据分析。因此，时间层面的煤矿安全管理数据场可以用来还原原有煤矿安全管理数据场景，并对未来的煤矿安全形式进行预测。总体来看，煤矿安全时间层面数据场八个维度，分别为安全时间、安全地点、安全致因、安全类型、安全主体、安全客体、安全管理过程、安全频率。这些数据之间存在时间自相关性、偏相关性、平稳性等特征，通过关联思维和回归思维从时间维度分析煤矿安全大数据场景中时间、地点、主体、客体、趋势、致因等之间形成的相关域，具体内容如图 3-6 所示。

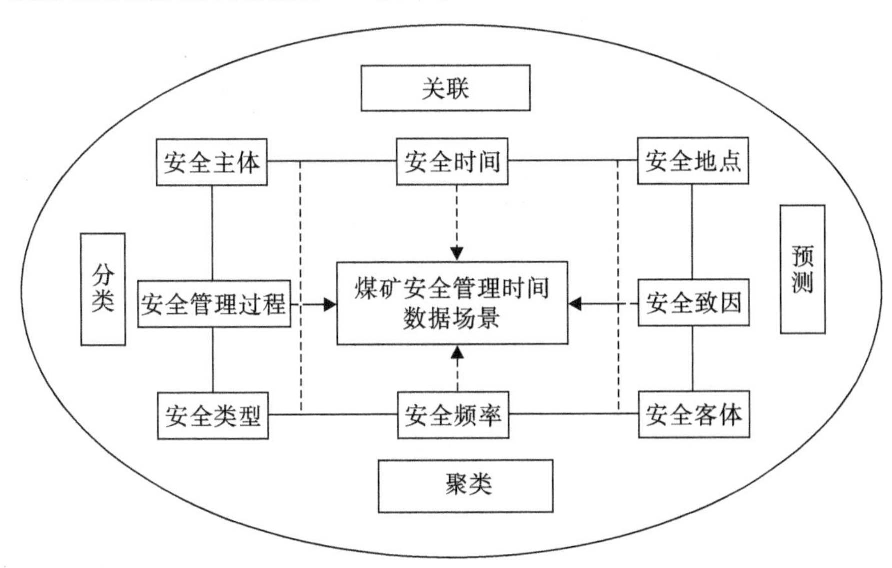

图 3-6　时间层面上的煤矿安全管理数据场

(2)空间数据层面

煤矿安全管理空间数据场遵循着点-线-面-空间的原理,包括煤矿安全数据点、煤矿安全数据线、煤矿安全数据面和煤矿安全数据空间四个方面:煤矿安全数据点两两之间在经历无规则的释放、扩张、游动等运动,产生了具有关联关系的数据力,从而形成了煤矿安全数据线。煤矿安全数据线在经历了延伸、折叠等运动产生了具有方向性的数据流,而多个数据线在经历了数据流后形成了煤矿安全数据面。多个煤矿安全数据面在经历多个方面的扩展构建出一个数据场,从而形成一个多维的数据空间。在这个过程中,煤矿安全空间数据实现由低维度向高维度,弱关联向强关联的发展。然而,并不是所有的煤矿安全空间数据都能形成一个数据场,有部分的空间数据在经历解体、弱化后逐渐地被遗弃,实现了煤矿安全数据的降维。还有部分的安全空间数据在经历裂变、聚合等方法后形成了新的数据、信息、知识和规则,从而表现出新的关联关系和价值。具体的内容如图 3-7 所示。

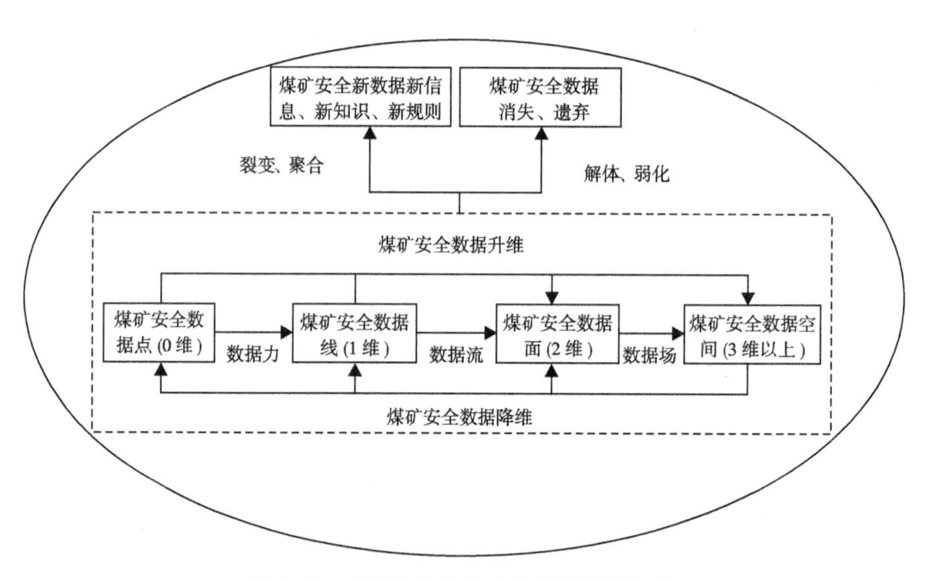

图 3-7 空间意义上煤矿安全管理数据场

煤矿安全管理的复杂性决定了煤矿安全管理在时间和空间上存在多个数据场空间,而这些数据场之间的相互作用既有正向的也有负向的。正向的数据作用能够使得减少煤矿事故提升安全水平,负向的数据场作用会造成事故伤害的扩大化或产生新的煤矿事故。因此,将时间数据场和空间数据场结合起来分析煤矿事故之前，还需了解煤矿安全管理的基本要素。

3.5.2 煤矿安全数据场形成要素分析

煤矿安全时间数据场和空间数据场的交叉需要具备数据采集、信息交互、技术支撑和安全规律四个要素，具体的作用见表3-6。这四者要素只有通力合作，才能够保证煤矿安全时空数据场的稳定性，实现安全数据、安全信息、安全知识和安全规律的紧密相连，最终使得煤矿安全生产系统更加可靠稳定。

表3-6 煤矿安全管理数据场基本要素

要素	作用
数据采集	煤矿安全数据采集必须要全面性，从时间和空间的角度进行数据的收集，例如结构化数据、半结构化数据和非结构数据等
信息交互	利用人-机-环-管四个方面的关联关系和逻辑性，实现煤矿安全数据场时间数据和空间数据的相互交叉
技术支撑	利用智慧矿山和感知矿山技术，实现互联网和煤矿安全技术的交叉融合。并能够为煤矿安全管理大数据提供必要的数据转化、场景还原等技术支撑
安全规律	时间数据场和空间数据场进行碰撞后，会产生一些安全规律。这些规律会指导安全管理决策

3.5.3 煤矿安全系统事故发生机理研究

通过对煤矿安全数据场理论的综述以及数据场形成要素的分析，我们尝试从大数据视角来构建煤矿事故发生机理。煤矿安全大数据形成数据场具有多个方面的时间和空间内涵，因此依据上述内涵将煤矿安全管理数据场效应划分为时间数据效应、空间数据效应以及时空交叉数据效应。

首先，煤矿安全数据点两两之间在经历无规则的释放、扩张、游动等运动，产生了具有关联关系的数据力，从而形成了煤矿安全数据线。煤矿安全数据线在经历了延伸、折叠等运动产生了具有方向性的数据流，而多个数据线在经历了数据流后形成了煤矿安全数据面。最后，多个煤矿安全数据面在经历多个方面的扩展构建出一个数据场，从而形成一个多维的数据空间。

这就是煤矿安全数据场的空间效应。

其次，煤矿安全数据质点在安全时间、安全地点、安全致因、安全类型、安全主体、安全客体、安全管理过程、安全频率等方面存在时间自相关性、偏相关性、平稳性等特征，通过关联思维和回归思维从时间维度分析煤矿安全大数据场景中时间、地点、主体、客体、趋势、致因等之间形成的相关域，形成了具有时间维度的数据集，提高了煤矿安全大数据维度。维度越高要求的数据也要越精确，同时安全决策的复杂程度也会随之增加。这就是煤矿安全数据场的时间效应。

最后，不同的效应对煤矿安全管理产生不同的影响。当煤矿安全数据时空效应产生的关联规则存在误差则有可能会导致煤矿安全事故风险增大或是新事故的产生。当通过煤矿安全数据空间效应产生的新的煤矿安全数据、信息、知识和规律与原有的煤矿数据空间不匹配，那么就会导致安全信息不对称或者安全规律不稳定的现象出现，这些现象有可能致使煤矿安全管理出现漏洞，从而导致煤矿事故的发生。最后，当煤矿安全时间数据和空间数据相互碰撞交叉而产生时空交叉效应。在这个过程极其容易产生煤矿生产系统中人-机-环-管交互的不稳定，导致煤矿不安全和隐患得不到及时有效的控制，引发煤矿事故的发生，

综上所述，本节探讨了大数据背景下煤矿事故发生机理，当煤矿安全数据的时间效应、空间效应以及时空交叉效应使用不当的时候，也会导致煤矿事故风险增加和新事故的产生，具体如图 3-8 所示。大数据并不是万能的，虽然目前研究者主要注重于大数据的优点，但面对安全管理这一学科，不精确的安全数据和信息以及无效的安全规律都有可能导致煤矿事故的发生，从而减少煤矿安全管理效率。因此，对待大数据背景下煤矿安全管理，学者们应该以质疑、严谨的态度进行研究。

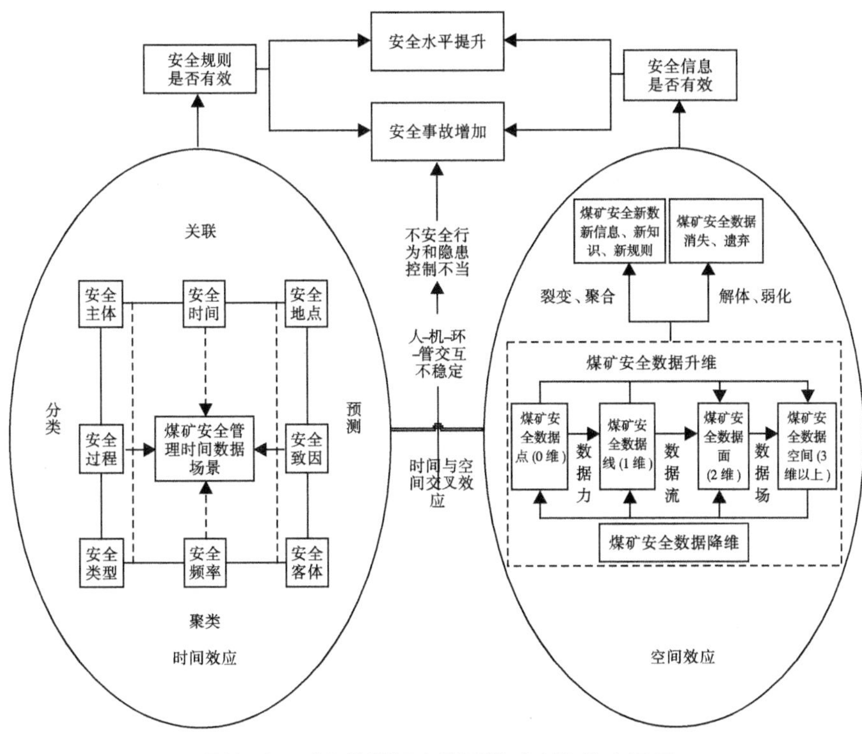

图3-8 时空数据场交叉下煤矿事故发生机理

4 大数据背景下煤矿安全管理数据挖掘分析

上一章阐述了大数据背景下的煤矿安全管理内涵、煤矿安全管理大数据与小数据的特征以及煤矿事故发生机理。本章将以此为基础，研究大数据在煤矿安全管理效率中的具体研究内容。主要从数据挖掘的主要算法，数据挖掘应用的基本流程，数据挖掘在煤矿安全管理应用领域，以及数据挖掘在矿工不安全行为管理和隐患管理方面的应用做详细的分析。

4.1 数据挖掘在煤矿安全管理中的应用前景

4.1.1 基于数据挖掘的煤矿安全管理结构

著名的系统工程专家 Hall 提出了系统工程的“三维结构”模型，其三维结构由时间维、逻辑维和知识维构成。参照 Hall 的三维结构，本书提出了基于大数据的煤矿安全管理的三维结构，如图 4-1 所示，该模型由安全生产操作维、数据挖掘方法维和安全领域维构成。其中操作维是指煤矿安全生产的各个阶段，包括采煤、掘进、通风、机电、运输和地测等。方法维是指大数据的各种主要分析、预测和优化方法，包括分类、回归分析、聚类、关联规则、可视化和特征分析等；领域维是指安全管理的各应用领域，包括矿工不安全行为管理、隐患管理、事故管理、外包管理、外部监管、安全管理投入、安全设备管理、安全环境管理、风险管理、安全应急管理十个方面。

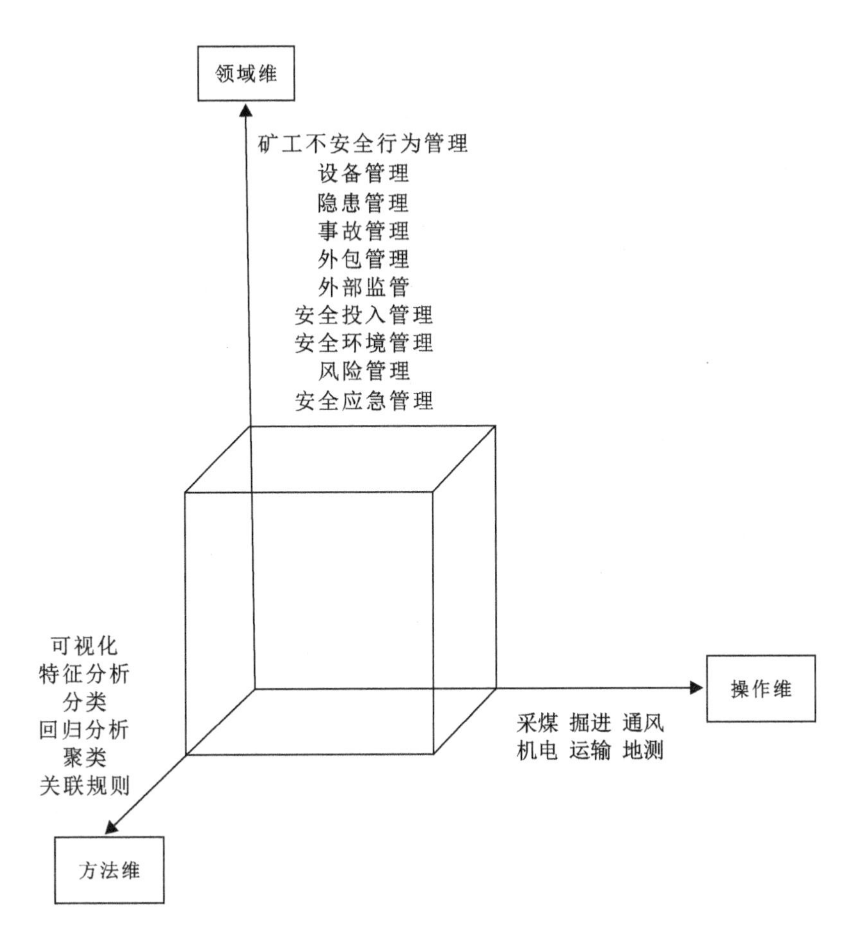

图 4-1 基于大数据的煤矿安全管理三维结构图

通过三维结构模型,本书构建了基于大数据的煤矿安全生产管理的整体框架,即:在不同阶段的煤矿安全生产活动和不同的煤矿安全管理领域,可以采取哪些不同的大数据预测、分类、分析和优化的方法。因此,本章提出的基于大数据的煤矿安全管理效率是指:收集煤矿安全生产过程中可获取的安全数据,将大数据技术应用于煤矿安全生产各个阶段和各个安全管理领域,通过采用数据挖掘的和机器学习的分析、预测和优化的方法,以提高煤矿安全管理时效性、准确性和易操作性等功能。

4.1.2 数据挖掘的主要功能及算法

大数据的主要内涵是从大量繁杂的数据中发现有意义的信息和关联关系,因此大数据的最主要核心功能就是数据挖掘。煤矿安全管理数据挖掘

是通过利用机器学习、计算机技术、人工智能、统计学等方法理论对大量具有噪声、缺失的结构化或非结构化的安全数据进行处理,找寻有价值的安全知识和安全规律的方法。能够为管理者提供安全决策,从而减少事故风险或者增加风险抗性。

数据挖掘的主要功能包括:分类、聚类、关联、特征分析、预测以及可视化等。而不同的功能又包括多种不同的算法,例如分类功能对于的算法包括:决策树、KNN、ANN、贝叶斯网络、SVM 等。关联功能包括 Apriori、FP-Growth、Eclat 等算法。具体的主要功能及算法如图 4-2 所示。

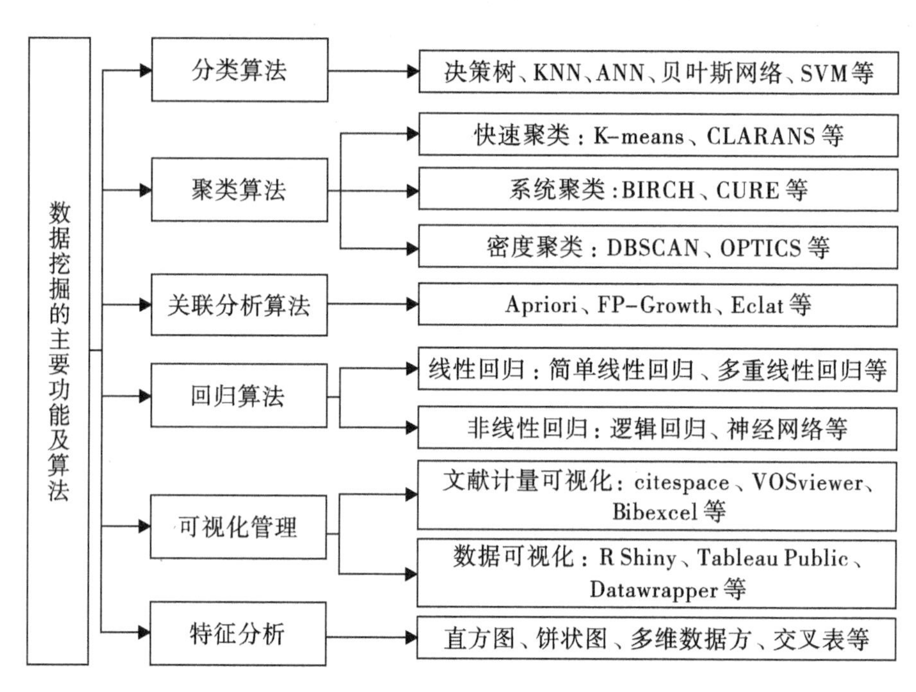

图 4-2　数据挖掘的主要功能及算法

(1)分类算法

大数据的分类功能主要指的是按照一定的划分标准将不同特性的数据区分出来,形成一定的几何空间。其主要目的利用数据挖掘中的分类模型,将复杂无序的数据按照一定的规则进行映射到指定的区域中。分类问题在日常生活中无处不在,例如,在银行中按照存款额等多种因素将顾客进行划分;汽车按照不同的轴距进行登记划分;书籍和档案按照不同的学科进行划分。同样,在安全管理领域,大数据分类功能也有着至关重要的应用。例如,对矿工的安全行为按照一定的特性进行分类,从而能够更有针对性地进行培训考核。还可以对煤矿生产中的采煤机、提升机等设备故障进行分类,从而能够提升煤矿生产设备的维修效率。目前,大数据挖掘中常用的分类算法包括:决策树分类算法、贝叶斯分类算法、人工神经网络分类算法等,具体内容如下:

1)决策树分类算法。决策树是一种结构简单,易于理解的分类和预测技术。它的优势在于不需要进行参数设置,并且需要的专业知识较少,因此适用于探索性知识发现。决策树是一种树形结构,树的顶端代表总体的无序样本,树中的每个节点代表变量的某些属性,而每个枝干代表了属性的取值范围,每个叶节点表示经历从根节点到该叶节点路径上变量的值。

决策树是一种有监督的学习模型,通过利用已知分类的数据,对训练数据进行挖掘。然而在使用过程中会存在树的范围过大,导致树枝分类并不具有代表性或者无意义等问题。这就要求使用者利用剪枝方法来限制树的规模,从而提高决策树分类的准确率。同时,还需设置检验样本来对当前的决策树模型进行检验。目前常用的决策数据算法包括 C4.5、CART、ID3、SLIQ 和 SPRINT 等。

2)贝叶斯分类算法。贝叶斯分类算法是一种常见的数据挖掘分类算法,该算法是以贝叶斯定理为基础的一种后验概率算法。通过给出一个简单的假设,然后在设置好的分类特征条件下,描述变量属性之间是否存在相互独立的状况。贝叶斯分类算法大体可以分为两类:朴素贝叶斯分类算法和树增强朴素贝叶斯分类算法。然而传统贝叶斯分类以基于多个限制条件下的假设为前提,这种假设是否合理以及是否成立,成为影响分类准确率的一个重要原因。因此,当不同属性之间相关性较大时,朴素贝叶斯分类算法的分类效率比不上支持向量机,甚至还要略差于决策树分类算法。因此,Fredman 对传统朴素贝叶斯进行优化,提出树增强朴素贝叶斯算法,旨在捕获变量之间的依赖关系,提高分类的准确率。

3)人工神经网络分类算法。人工神经网络(artificial neural network,ANN)是数据挖掘算法中重要的组成部分,可用于分类和回归预测。基于对人脑神经元的模拟,将不同的神经元按照拓扑结构进行相连,形成一个网络系统。因此,人工神经网络的组成主要包括三个要素,分别为:连接方式、拓扑结构和学习规则。连接方式不仅包括层与层之间的连接,也包含层内因素之间的连接,连接的强度可以用权表示。拓扑结构指的是神经元相连的

结构,包括单层、双层和多层。学习规则指的是利用已知信息来推测未来信息的规律,可以划分为离线学习和在线学习。目前在工程和管理学科应用的主流人工神经网络包括:BP 神经网络、RBF 神经网络、卷积神经网络等。

(2)回归分析

回归分析目前也是当前数据挖掘算法中的重要组成部分,通过确定两个或者多个变量之间的相互作用的定量关系,并将其用数学方程进行展示来反映当前不同属性之间的特性。回归分析和分类分析都可用于预测分析,但分类预测大多是针对的离散型数据,回归分析大多是针对于连续性数据。回归分析已经在多个行业得到全面应用,例如金融、销售、医疗等。在安全和风险管理领域也在快速的发展。目前回归分析的算法可以划分为线性回归、非线性回归、逻辑回归和时间序列等。

线性回归指的是变量之间的相关关系为线性回归方程,根据变量参与数量可以划分为一元线性回归和多元线性回归。线性回归可以描述简单系统里的相关关系,当面对复杂系统时,线性回归则显得力不从心。

非线性回归指的是变量之间的相关关系为非线性回归方程,而常用的非线性回归方程包括:对数型、指数型、幂函数型和双曲线型等。而在非线性模型选择上,必须根据实际问题进行分析,采用多种模型回归拟合来进行测试。非线性回归模型大多要转换为线性模型进行处理,对于不可变换成线性的非线性回归模型可以使用广义线性模型进行求解。

逻辑回归主要用于分析二分类或者有次序的因变量和自变量之间的关系。通常采用自变量来预测因变量在给定某个值的概率。当前逻辑回归在流行病学和风险管理上应用得比较多,在安全领域常用于探索某种隐患导致某种事故的可能性以及安全生产设备故障诊断等。逻辑回归从本质上来说更像是一个分类模型,就是将回归结果划分为 0 和 1 两种情况。

时间序列分析是指利用大量含有不同时间排序的数据按照时间序列进行排序,从而对未来时间变量进行预测的回归方法。因此时序分析主要是针对信息和变量的时间特性进行挖掘,来找寻未来时间上的发展规律。这些规律是与时间存在相关性的。时间序列依据预测时间的长短可以划分为短期预测、中期预测和长期预测。一般预测的时间越长其准确性越差,但随着时间序列预测算法的改进,这种趋势逐渐被淡化。时序预测的常用方法可划分为确定性时序预测方法和随机时序预测方法。确定性时序模型包括移动平均模型、指数平滑模型等；随机时序模型包括自回归模型以及差分整合移动平均自回归模型等。

(3)聚类分析

数据挖掘中的聚类分析是指将多个无明显分类特征的数据，按照某种相似性划分为不同类型的“簇”。聚类算法有别于分类算法的地方在于对数据对象类别的已知性。在分类算法中，数据对象间的分类是已知的，也就是一种有监督的机器学习算法。而在聚类算法中，数据对象间的关系是未知，需要通过技术手段进行自定义划分，是一种无监督的机器学习算法。

聚类算法在数据挖掘中的应用可以分为三个方面：①对数据的预处理。通过利用聚类算法对杂乱的数据进行划分，从而提高数据挖掘的准确率和效率。②作为一个独立工具分析数据的分布特点。利用单独的聚类算法可以自动划分不同类别的数据，从而用于指导分析。利用在事故类型划分、安全人员聚类等方面；③聚类算法还可以用于孤立点挖掘。在数据挖掘中常常会存在一些数量较少但是却非常有用的规则，这时利用聚类算法可以实现对这些数据孤立点的分析。

目前常用的聚类算法可以划分为快速聚类、系统聚类等。

1)快速聚类。快速聚类要求事先确定分类。它不仅要求确定分类的类数，而且还需要事先确定点，也就是聚类种子，然后，根据其他点离这些种子的远近把所有点进行分类。再然后就是将这几类的中心(均值)作为新的基石，再分类。如此迭代。

2)系统聚类。系统聚类是将样品分成若干类的方法，其基本思想是：先将每个样品各看成一类，然后规定类与类之间的距离，选择距离最小的一对合并成新的一类，计算新类与其他类之间的距离，再将距离最近的两类合并，这样每次减少一类，直至所有的样品合为一类为止。

(4)关联规则

关联规则是数据挖掘中最常用也是最活跃的一个分支，其在实际应用中具有良好的效果。关联规则挖掘主要用于发现事物之间存在的关联关系的一个过程。目前，让人们印象最为深刻的就是“购物篮问题”。通过对超市中顾客购买物品数据的关联规则分析，发现尿布和啤酒之间的销量存在一定的关联关系。将二者进行绑定可以提高顾客的购买行为效率。随着关联规则应用得越来越广泛，已在市场营销、食品安全、人力资源、金融服务等

行业取得了一定的成效。在煤矿安全管理领域的应用也越加成熟。

关联分析算法最早是由 Agrawal 等人提出来的。他们提出了用于分析关联关系的 Aprior 算法,该算法通过设置置信度和支持度两个阈值来对关联关系进行筛选。然而,该算法采用的是逐层搜索策略,数据库会被多次扫描,产生巨大的候选项集,造成模型运算时间过长。后有不同的学者进行改进,目前改进的 Aprior 算法包括基础 Hash 技术的改进算法和基于 FP-growth 技术改进算法等,旨在减少对数据库的扫描次数。此外还有针对多层次系统的多层次关联规则,与传统的单层关联规则挖掘一样,多层次关联规则也会产生大量的关联信息,去除冗余并提高运算效率也是当前多层次关联规则方法的主要任务。目前,多层关联规则的主要算法包括:Cumulate 算法、ML-T2L1 算法等。

(5)**可视化**

可视化是数据挖掘中的一个重要环节,也是提高效率的重要手段。通过利用计算机图形理论和计算机技术将数据、信息、知识和规律转化为人类可以通过视觉直观理解的一种方法。可视化既可当成一门独立的学科,也可与其他数据挖掘方法结合使用。虽然大数据中的分类、聚类、关联等算法实现了对数据中隐藏知识的表达,但仍然存在一些很难让人一目了然的规律。利用可视化技术将这些关联关系进行外在表达,发现内在的信息。因此数据在当前的大数据时代显得至关重要。目前常用的可视化技术包括:R Shiny、Tableau Public、Datawrapper 等软件。

可视化技术按照处理对象的不同可以划分为:数据可视化、信息可视化、知识可视化和规律可视化。前文中探讨了安全数据、信息、知识和规律之间的关系。那么这些要素的可视化也代表了不同阶段的关系。针对于使用人群的不同,可视化处理的对象也不同。例如面向数据挖掘、数据处理相关技术人员,数据可视化的作用尤为重要。而面对一些科研人员,信息和知识的可视化可能占主导地位。而面向高层管理者,没有大量时间探知数据、信息和知识等要素,那么规律可视化可以为决策提供依据。

可视化在安全领域的应用应该注重对规律的可视化,因为煤矿企业中熟练计算机技术的人员较少,而安全管理者每天有着大量的安全任务。对于他们来说,简单直接地表达出安全结果是最为重要的。通过利用不同的图形、颜色、标语等手段让安全管理者能够立刻发现企业中存在的安全问题是安全可视化最核心的任务。

(6)概念描述及特征分析

数据挖掘不仅具备上述的“高级”功能,同时还具备传统统计理论中概念描述和特征分析等功能。通过利用简洁、清洗的方法来描述大数据存在的一般性性质,可称之为数据概念描述。利用概念描述手段可以找出特征数据并进行分析,其常采用的手段包括:折线图、饼状图、柱状图等。

概念描述式数据挖掘不同于预测式数据挖掘,它是数据挖掘的基础也是前期最基本的手段。概念描述与数据概化存在密切关系,面对大量的数据,如何使用简洁的手段进行描述,是后续能够顺利进行数据挖掘的基础,同时将低层次的概念转变为高层次的概念也是数据描述和概化的重要工作,例如可以利用低风险、中等风险和高风险来替代实际的安全数值。

4.1.3 数据挖掘在煤矿安全管理中的应用

数据挖掘指的是利用不同功能算法处理海量的数据,并从中挖掘隐藏的关联规律,以便于为使用者提供决策、预测等功能。数据挖掘在零售业、销售行业、制造业、财务、金融保险行业、通讯业以及医疗服务等行业有着广泛利用,而在安全管理的应用主要集中在道路安全、航空、船舶等领域。在煤矿安全管理方面应用缺乏系统性。但随着中国煤矿“数字矿井”和“感知矿井”的发展,获取安全信息的能力得到了提高,同时也带来了矿山安全管理信息过载的问题。面对海量的安全数据,管理人员无法有效地提取出宝贵的安全规律。因此,为了系统性地描述大数据在煤矿安全管理中的主要作用,我们从矿工不安全行为管理、煤矿隐患管理、煤矿事故管理、外包安全管理、政府安全监管、企业安全管理投入、安全设备管理、安全环境管理、风险管理、安全应急管理十个方面来阐述数据挖掘方法在煤矿安全管理中的主要应用(图4-3)。

(1)不安全行为管理

不安全行为管理主要是针对于煤矿企业中易于导致事故发生的不安全行为进行管理。众所周知,80%以上的煤矿事故是由不安全行为引起的,而煤矿不安全行为也是由多种因素引起的。煤矿企业中能够影响员工行为的外部数据有许多,包括考勤、安全培训、安全考核等。同时,还受到员工自身学历、心理、生理等因素的影响。

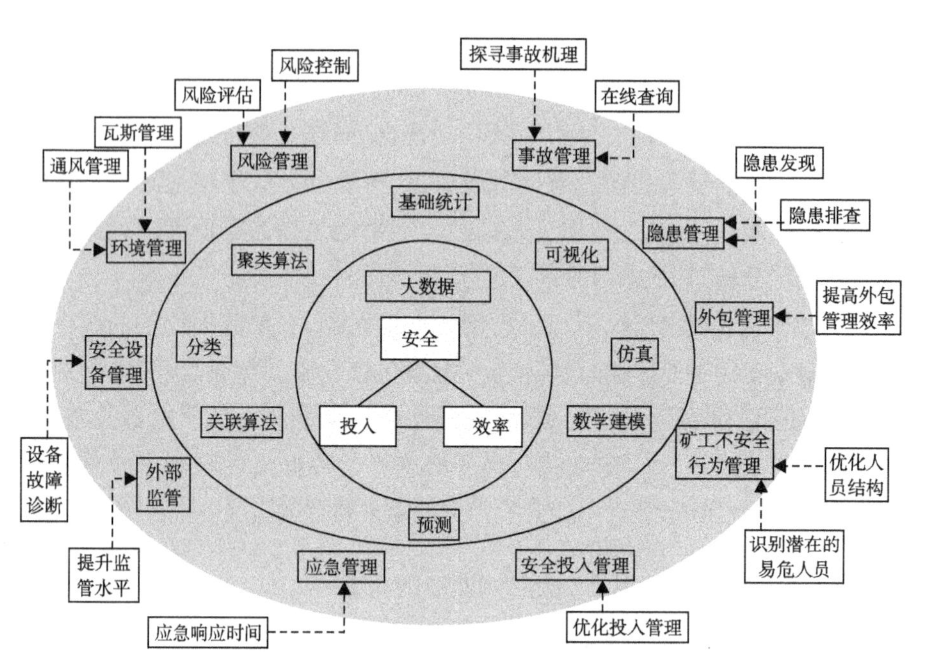

图 4-3　大数据在煤矿安全管理应用框架

利用数据挖掘中的分类算法可以帮助我们找出易于产生不安全行为的矿工群体的特征及特性。根据不同矿工的特性对不安全行为敏感度的不同,采取有针对性的培训考核管理,可以有效地降低不安全行为的发生次数。此外利用数据挖掘中的关联规则算法也可以帮助我们找寻高风险不安全行为的强关联规则。通过挖掘出的关联规则,可以有效率地控制不安全行为的风险强度。

(2)隐患管理

隐患是煤矿事故发生的直接导火线,而隐患大多是由缺乏对危险源的全面辨识和管理造成的。煤矿企业中常用的隐患管理系统或隐患台账日志包括隐患发生的时间、地点、部门、隐患等级等数据。通过对危险源进行辨识找出可能存在的隐患,然后对隐患等级进行评估,最后制定相应的管控措施来保证在规定的时间进行整改是当前煤矿隐患管理的整体流程。企业管理人员将检查出来的隐患以及员工自查得到的隐患录入系统,然后限定时间让相关人员进行整改,可以实现对煤矿风险的提前管控,是煤矿安全管理的重要手段。

然而从目前煤矿企业隐患管理内容来看,缺乏对隐患数据深入分析的问题,针对该问题因采用数据挖掘中的关联规则算法,提出用支持度-置信度-Kulczynski 度量模式表达隐患因素间的关联关系.对隐患数据预处理、转换后构建隐患数据仓库,并在隐患责任部门、隐患种类、隐患等级和隐患发生地点四个维度上进行挖掘分析,发现多维度间存在的较强关联规则,给出针对性的辅助决策,现场实际应用表明,通过使用数据挖掘算法,减少了隐患的发生次数,为煤矿隐患治理提供了可靠支持。

(3)事故管理

近年来,我国煤矿安全生产形势逐步改善,事故死亡人数逐年下降。然而,重大事故频发,特别是 2016 年,煤矿重大事故死亡人数甚至占煤矿总死亡人数的 35.9%。2016 年 8 月份至 2016 年 12 月份短短的几个月以来接连发生了煤矿重特大事故 6 起,死亡人数 58 人。煤矿事故的不断发生不但给国家和人民造成了重大的经济损失,也带来了不良的社会和政治影响。因此,利用数据挖掘技术对当前煤矿事故管理进行研究仍然刻不容缓。

数据挖掘在事故管理中的应用主要包括事故预测、事故等级分类和事故内在规律挖掘等。在煤矿事故预测方面,可以利用数据挖掘中的回归预测算法,包括:支持向量机、神经网络、贝叶斯网络等,对煤矿事故中伤亡人数、损失金额、百万吨死亡率等具有时序性的数据进行深度挖掘,来找寻煤矿事故发生的未来趋势,为后续决策提供依据。在事故等级分类问题上面,可以利用数据挖掘中的分类算法,例如决策树、支持向量机等,对煤矿事故严重程度进行划分。在煤矿事故内在规律挖掘上面,可以利用文本数据挖掘方法,对煤矿事故致因因素进行深度挖掘。

(4)外包管理

为了优化煤矿企业管理,降低企业安全管理成本,外包成为了越来越多煤矿企业进行煤炭开采的常用手段。然而煤矿外包队伍人员构成以及管理水平整体良莠不齐,导致近年由外包队伍引发的煤矿事故频频发生。煤矿外包事故发生的原因主要来自两个方面:一方面外包单位自身的安全管理水平不高,没有完善的安全管理制度,外包人员的安全意识不足而导致的。另一方面,来源于煤矿企业与外包商之间的安全沟通协作能力不足而导致的。煤矿企业对外包商最常用的手段就是罚款,但这并不能从本质上提升外包单位安全管理水平,甚至会起到反向作用。因此,煤矿单位应构建一整

套完整的外包管理监督制度和数据管理手段来实现对外包单位安全状况的管控。

采用数据挖掘中的分类算法针对外包企业资质、企业事故率以及外包人员结构等数据进行深入挖掘,从而能够了解外包企业的安全管理水平,为煤矿企业的外包单位选择提供决策手段。

(5)外部安全监管

由于在新中国成立初期,中国煤矿事故频发且伤亡人数快速增长,导致中国政府对煤矿安全管理监管十分重视。目前,已形成国家煤矿安全监察总局进行煤矿安全总体把控和地方政府现场实施监管的格局。外部的监管使得中国煤矿安全生产水平整体得到提高,但随着中央政府、地方政府以及煤矿企业之间博弈的加深,这种监管手段暴露出一些弊端,即监管全面性的问题。当煤矿企业面临政府监管时,仅仅是做个样子,不想从本质上提升安全管理水平。导致许多看似安全管理水平很高的煤矿企业发生重特大事故。

利用数据挖掘手段构建煤矿安全生产综合监管信息平台,可以实现国家对地方政府的煤矿安全监管,地方政府对煤矿安全企业的监管。通过对煤矿企业各个环节的安全生产数据实行信息化集成监管,能够为生产监管部门提供相应的实时动态监管服务功能,能够为接入平台的企业提供各类安全服务功能,同时实现煤矿企业与政府监管部门之间的双向互动,增强政企之间的沟通。

(6)安全管理投入

要想减少煤矿事故的发生,安全投入是必不可少的。安全投入指的是利用人力、物力和财力等手段来减少企业中的不安全要素,使得企业提升自身安全管理水平。但煤矿企业并不是公益单位,不可能无限制地进行安全投入。企业在保证安全的同时还需要尽可能地追求利润最大化,这就要求安全管理投入需探究煤矿安全投入与安全效益之间的关系。一定比例的安全投入能够减少人员伤亡、增加员工的工作效率。但当边际安全管理投入小于零时,煤矿生产效率就会下降。因此,煤矿企业应对安全投入进行管理,使其达到安全投入最优化。

大数据的发展给煤矿安全管理投入提供了方法,利用数据挖掘中的预测功能,来对煤矿安全管理绩效进行预测。依据预测得到的结果,构建安全投入-安全产出模型，实现数据+模型的动态结合，从而优化煤矿安全投入，使得安全投入效率最大化。

(7) **安全设备管理**

煤矿安全设备管理是指对煤矿企业中的生产辅助设备进行检查、诊断、维修、保养、更换等管理活动。煤矿企业中包含有大量的生产设备，包括采煤机、局部通风机、风筒、水泵、各种馈电开关、缆车、运输车、电缆、钻机、顶板液压支架、防爆电话机、罐笼、绞车、自救设备、除尘器、主通风机以及一些传感器设备等。这些设备都存在以下的安全管理数据，例如表设备的可靠度、故障率、安全等级等数据信息。安全设备管理不当可以从两个方面引发煤矿事故，一方面设备自身的风险因素直接引发事故；另一方面设备自身的风险因素与人的因素或环境因素发生耦合导致事故的发生。

物联网技术的发展，使得对煤矿安全生产设备进行实时监控变为可能。同时，依据安全生产设备产生的数据，利用数据挖掘中分类、聚类和预测等算法对生产设备故障进行诊断，对发现的设备安全问题进行提前预警。此外，数据挖掘技术还能对生产设备进行优化，延迟设备使用寿命，减少磨损和老化，实现煤矿生产设备运行无故障。

(8) **安全环境管理**

中国大部分煤矿井下作业环境非常复杂，由井下环境导致的煤矿事故数不胜数。矿工在井下工作不仅受到潮湿、阴暗、狭窄、噪声等作业环境因素的影响，还会受到地压、瓦斯、透水、煤层自燃等自然环境的影响。自然环境因素可以直接导致瓦斯、顶板、透水、火灾等常见煤矿事故的发生。工作环境因素的影响会使人的生理和心理因素产生影响，造成耦合事故的发生。

利用大数据技术和信息化技术可以实现对井下环境风险要素的实时监控，当出现风险征兆时，可以提前进行预警并采取措施。此外还可以利用数据挖掘算法对瓦斯涌出量、冲击地压等情况进行评估和预测，使得计算结果更加符合实际情况。最后，利用大数据理论和方法，在通风系统、温度、湿度、照明监控等方面实现对煤矿安全环境管理优化。

(9) **风险管理**

风险管理是煤矿安全管理的一个重要分析，也是最核心的地方。煤矿安全风险包括影响因素、风险事件和损失三个要素。通过对煤矿安全生产活动中存在的危险源、不安全行为、隐患等有害因素进行识别、定性或定量

分析来确定要素风险等级，然后根据风险等级程度进行风险管理，风险程度越高，管控的速度也应该越快，从而尽量减少风险带来的损失。然而煤矿生产系统是一个复杂系统，其包含的风险因素有很多，而不同的风险因素之间也存在交叉耦合现象，导致煤矿风险管理难度大，总是存在风险漏洞。

利用大数据挖掘技术来构建煤矿风险管理平台，将煤矿所有风险要素进行融合，实现煤矿风险管理的全面性。然后利用大数据相关算法找出因素之间存在的耦合关系，从而能够更加准确的对煤矿风险进行评估。构建的大数据风险管理平台，不仅能够方便员工日常风险信息录入，还能发现潜在的煤矿风险联系，为煤矿管理者的安全决策提供依据。

(10)**安全应急管理**

应急管理是煤矿安全管理的重要组成部分。通过对可能发生的煤矿安全突发事故进行事前、事中和事后等不同情况的预防和控制，从而达到减少人员伤亡和财产损失的目的。煤矿企业不同于化工、建筑、交通等行业，其作业地点在井下，这就要求救援人员不仅要有基本的救援知识，还要有丰富的井下安全知识。同时，井下救援也为救援工作增加了危险性。

大数据在应急管理中的应用主要有大数据技术和大数据思维两种方式。在应急管理的事前准备、事中响应和事后救援与恢复的每一阶段都可以引入大数据的应用，每个阶段对大数据的应用程度也会因其需要应对内容的不同而有所差别。大数据的应用有助于提高应急管理效率、节省成本和减少损失。中国需要在大数据战略、大数据开放政策、大数据在应急管理中具体应用形式等方面做出部署与探索。

4.2 煤矿安全管理数据挖掘基本流程

数据挖掘的快速发展得益于其在各个行业的成功应用，也正因为这些成功的应用使得大数据成为当前科学研究的热点。在煤矿安全管理大数据应用方面，既有通用的研究流程，又有与自身特点相关的研究内容。具体来看，煤矿安全管理数据挖掘流程包含五个阶段：①确定当前所要研究的安全问题。对问题的背景，影响因素，所包含的内容都要有深刻的了解，防止挖掘结果与问题不匹配。②数据的收集、清洗和转换。针对所研究的安全问题,数据收集过程中一定要尽量全面。同时有些安全数据存在噪声、缺失现象,需要对数据进行清洗以达到可以直接应用的效果。③煤矿安全管理数据挖掘模型的构建。数据挖掘模型有很多功能,例如分类、聚类、关联和预测等,而不同功能下面又有不同的算法。因此,在煤矿安全模型构建的时候,要选择符合煤矿安全数据特征,适合于企业实际操作数据挖掘算法作为支撑。④挖掘结果的分析与解释。对挖掘出来的关联关系要能够用现有的理论体系进行解释,若不能解释也要防止这些关联规则在安全管理过程中起到反向作用。⑤模型的应用和优化。模型在构建完之后,要不断进行优化,提升模型的准确性。图 4-4 为大数据在煤矿安全管理效率研究基本流程图。具体的分析步骤如下:

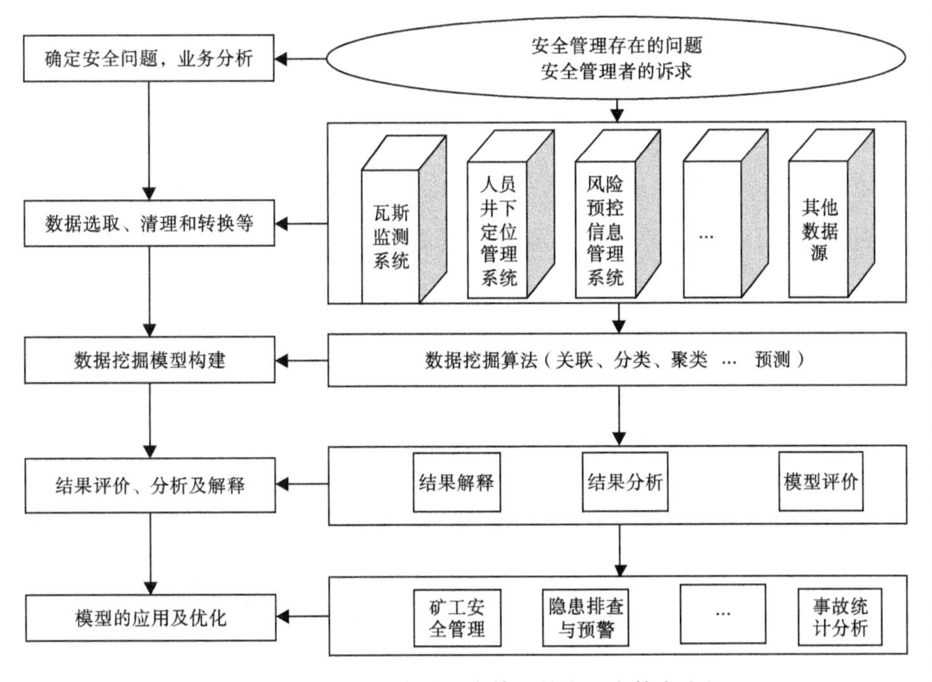

图 4-4 大数据在煤矿安全管理效率研究基本流程

4.2.1 确定安全管理问题

现代科学研究中常常采用假说-演绎的方法进行基本研究,包括“提出问题、做出假设、演绎推理、检验推理、得出结论”。而基于数据驱动的研究

方法并不需要进行假设研究，这就导致许多学者认为基于数据驱动的研究方法不需要明确当前所研究问题的详细内容，只需要采集相关数据，然后利用数据挖掘模型算法对这些数据进行分析，就会找出我们所需的安全知识和安全规律。然而，这种想法就限制了数据挖掘方法在煤矿安全管理中的应用。因此，在进行数据挖掘应用时，我们应确定所研究安全问题的背景，发展现状，给当前煤矿企业带来的影响以及为什么会出现这种情况。煤矿安全管理中有许多问题值得我们去探索，包括危险源、隐患、事故等要素所导致的煤矿安全问题。因此，在确定煤矿安全问题上面我们可以采取头脑风暴法、问卷调查法、访谈法等手段来确定当前煤矿安全管理所研究的问题，为后面数据的选取和模型的构建提供事实依据。

4.2.2 数据选取、清洗和转换

完整的结构化数据可以直接用来数据挖掘。然而，煤矿企业中的安全管理数据结构错综复杂，既有结构化数据，也有非结构化和半结构化数据。此外，国家煤矿安全监察总局和地方政府部门还未建立起相关大数据安全管理平台，导致不能从多个层面完成对煤矿安全管理大数据的收集、清洗、挖掘和分析工作。目前安全管理大数据仍然分散在政府监管部门、地方监管部门和煤矿企业，以及其他与煤矿安全管理相关的部门。外部安全数据的难获取性，导致当前研究的主体仍然局限在煤矿企业内部的安全管理数据。在煤矿企业内部由于收集方式和数据来源的不同，需要数据挖掘者对安全管理数据进行清洗、转换和融合等。由人工录入的安全数据占煤矿安全大数据的较大比例，这部分数据的特点是噪声低，但是缺失项明显。对于少量缺失的数据可以通过删除处理，对于大量缺失的数据可以采用均值替换法、多值插补等方法进行处理。面对数据格式不一致的问题，可以采用数据融合的方法进行处理，包括基于特征、阶段和语义的融合方法等。

4.2.3 数据挖掘模型构建

数据挖掘模型有很多功能，例如分类、聚类、关联和预测等。而不同功能下面又有不同的算法，因此在煤矿安全数据挖掘模型构建的时候，要选择符合煤矿安全数据特征，适合于企业实际操作数据挖掘算法作为支撑。从目前的研究来看，煤矿安全管理数据挖掘模型主要应用在危险源和隐患管理、事故分析、瓦斯预警、采煤设备故障诊断、安全可视化管理等方面。然而

数据挖掘模型的使用并不是固定的,可以采用多种方法进行比较,或者与知识和模型驱动方法进行结合,来提升煤矿安全管理数据挖掘模型的精确度和运算效率。

4.2.4 结果评价、分析及解释

利用数据挖掘模型对煤矿安全管理大数据进行分析可以得到一些有用的结果,而这些结果更注重的是对数据之间关联性的体现,缺乏因果分析。因此,需要对数据挖掘结果进行评价、分析和解释,来剔除掉一些无意义或者价值低的关联关系。综合分析业务现状提出针对性的安全管理对策及建议。例如:易发生不安全行为的矿工分类;安全投入时机把控;隐患之间存在的关联性;等等。模型结果的评价、分析及解释并非只针对于单纯的数据挖掘结果,应最终形成一套完整的端到端、点到点的数据挖掘解决方案。在这个过程中,首先要保证所采取的模型是有效的。通过将基础安全数据按照相应比例进行划分为训练集和测试集,来对比模型的分析结果。一般来讲,训练样本准确率高于75%以上,测试样本准确率高于70%以上为有效模型。其次,要保证所得到的结果是有意义的。也就是说所得到的关联规则能够在煤矿安全管理活动进行运用。最后,应保证结果的时效性。

4.2.5 模型的应用及优化

数据挖掘模型的应用及优化是一个双向反馈过程,模型的应用可以带动煤矿安全管理水平的变化,而安全管理水平的提升也会带来数据挖掘模型的改变。煤矿安全管理数据挖掘模型的生命周期如图4-5所示。在数据挖掘模型初期,通过对数据的划分来实现模型验证。在模型上升期,根据模型验证和业务情况进行模型优化。这时模型准确率达到相应精度,稳定成熟引领煤矿安全管理业务发展,达到了数据挖掘模型的成熟期。最后,伴随着煤矿安全管理水平和安全管理问题的改变,数据挖掘模型不再适用新的安全管理环境,逐步停下脚步进行模型的衰退期。这时候就需要对安全管理问题进行重新梳理,确定新的问题,构建新的数据挖掘模型。

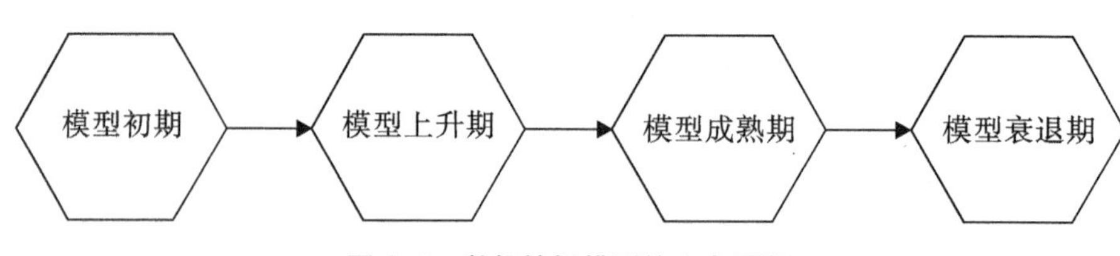

图 4-5 数据挖掘模型的生命周期

4.3 基于决策树的煤矿不安全行为数据挖掘

煤炭生产系统是一个受内、外因素影响的具有动态性和非线性特征的复杂社会技术系统。大量事故统计表明,多数煤矿事故发生与不安全行为有直接关系。此外,近年来,随着科学技术的发展,设备事故和环境事故逐渐减少,人员事故所占比例不断提高。几乎每次发生煤矿重特大事故都包含有不安全行为致因因素。例如,2005 年 2 月 14 日,中国辽宁省××有限公司××煤矿发生了一起特大瓦斯爆炸事故,造成 200 多人死亡。事故的直接原因是一名工人非法修理了带有电火花的装置。2016 年 12 月 3 日,内蒙古自治区××有限公司发生一起特大瓦斯爆炸事故,共造成 30 多人死亡,20 多人受伤。事故的直接原因被认定为停电情况下,员工违章作业产生电火花,引燃积聚瓦斯产生爆炸。因此,如何加强对不安全行为的管理,以及哪些人更易产生不安全行为,在中国煤矿安全管理研究中显得尤为重要,也是确保我国煤矿安全生产的关键。

4.3.1 煤矿不安全行为问题提出

不安全行为的发生受许多因素的影响,如心理、身体、社会和环境因素。根据不同的视角,目前对影响因素的研究可分为以下三类。一是个体因素(如心理因素),二是组织因素,三是经营环境、安全气氛、安全态度等其他因素。大多数学者从理论和方法的角度关注不安全行为的研究,他们选择的因素大多是定性的。然而,随着煤矿企业信息化技术提升,煤矿企业不安全行为数据的信息采集能力得到了很大的提高。面对不安全行为产生的海量数据,传统的安全管理理论似乎难以处理,信息资源处理能力的缺乏已成为进一步提高中国煤矿安全管理水平的瓶颈。因此，为了预防中国煤矿企业中矿工的不安全行为，本章采用数据挖掘技术对影响人的不安全行为的因素进行了分析，并用这些方法识别了什么特征的矿工容易发生不安全行为，而什么样特征的矿工不易产生不安全行为。

4.3.2 数据来源、选取及清洗

本书的数据来源于王楼煤矿，王楼煤矿从 2012 年开始实施煤矿安全风险预控管理信息系统、人员考勤系统和安全培训管理系统，至今已产生大量的人员不安全行为数据，本书选取 2220 名矿工在 2013—2015 年产生的共计 35 420 条不安全行为作为数据支撑。这些数据大多是人工录入到信息系统中的，而在人员不安全行为排查过程中存在各种不确定性，使得数据记录上可能丢失数据，造成数据的不完整性，因此在进行数据挖掘之前需要进行数据预处理。其中存在数据缺失共计 56 条，鉴于数据缺失的数量比较少，删除之后对于挖掘没有太大影响，因此本书最终采用数据为 35 364 条。

在变量的选取过程中，依据上述文献研究以及研究问题的范围，选取 6 种不同类型的变量来解释不同类型人员发生不安全行为数量的区间（表 4-1）。因此，不安全行为数量作为目标变量，其他人员年龄、工作经验、学历、出勤率、培训状况等自身因素作为基础变量进行分析。

如图 4-6 所示，2220 名员工中有 1269 名员工的 2012—2015 年的不安全行为数量处于[0,5]的范围，为低频率区间，占总数的 57%。此外，有 23.9% 的员工处于[11,20]例的高频范围。尽管大多数员工擅长控制自己的不安全行为，但仍有近 1/4 的人存在不安全行为频率高发的问题。

表 4-1　矿工不安全行为变量选取

变量	缩写	类型	取值范围
年龄	Ag	连续	[22,57]
工作经验	Ex	连续	[1,38]
学历	Ed	离散	初中及以下，高中，技校，大专，本科及以上
培训不合格数量	NUT	连续	[0,12]
缺勤数量	NAA	连续	[0,15]
不安全行为数量	NUB	离散	1=[0,5]；2=[6,10]；3=[11,20]

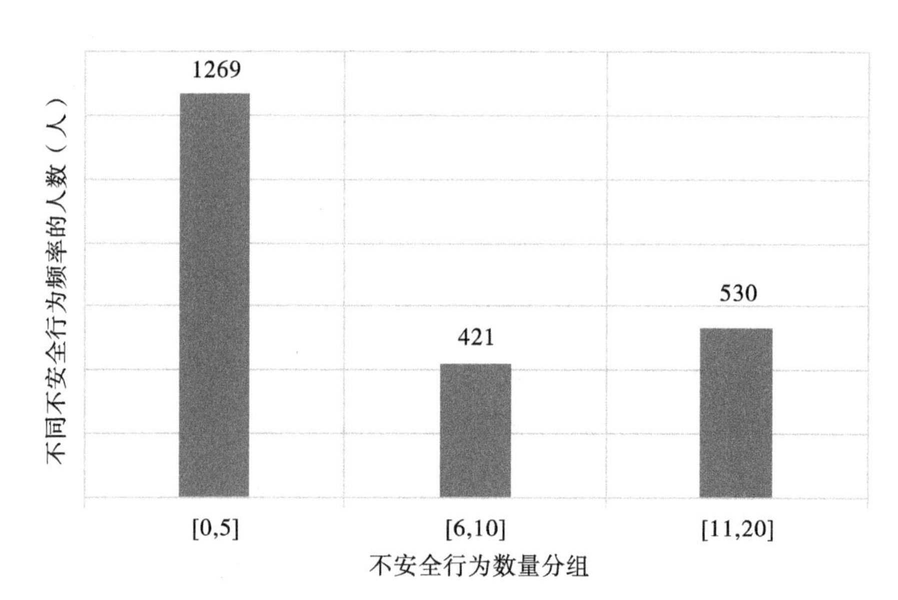

图 4-6　矿工不安全行为数量频率分布区间统计

4.3.3　不安全行为的描述性统计分析

通过对 2013—2015 年不安全行为记录的分析，可以看出，王楼煤矿在这一时期的不安全行为总数超过 3 万起（图 4-7）。其中 10 月、11 月、12 月不安全行为发生率较高，平均每月发生不安全行为 1000 多起，且事故发生率较高。主要是由于天气寒冷，煤炭需求的增长导致员工的日常工作量增加。为了完成这项工作，煤矿工人需要更多的工作，而这些条件更有可能产生不安全的行为。由于中国的春节和炎热的天气，2 月和 7 月的不安全行为数量相对较低。2 月份春节假期期间，中国大多数煤矿处于半停产状态。7 月是中国夏季的开始，导致煤炭需求下降，不安全行为的数量随着产量的减少而减少。因此，煤矿企业在 10～12 月应关注不安全行为。同时，应充分重视不安全行为多样性和脆弱性的特点，因为根据"大数定律"，无论不安全行为造成事故的概率有多低，事故都会发生，直到发生次数足够为止。因此，为了防止煤矿事故的发生，无论风险系数有多低，都要关注不安全行为的细节。

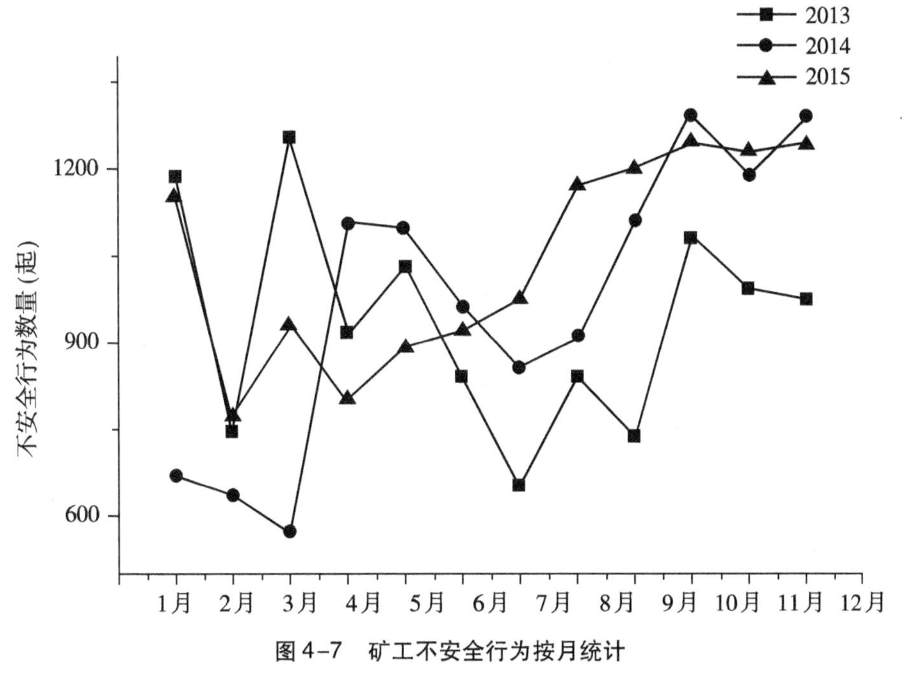

图4-7 矿工不安全行为按月统计

此外,本书统计了30种最常见的不安全行为,并按其发生频率进行分类(表4-2)。事实上,表中所列的30种不安全行为中的一些并不难解决,如进矿前不检查、不及时处理危险源、不按规定路线行走、不请假。其他一些行为需要进一步分析潜在的原因,例如工作时睡觉和未完成的工作安排。一些与事故有关的不安全行为导致事故的风险不高,一些行为会导致更高的事故风险(如用电运行、停电停机、临时支持不合格)。因此,针对不同的不安全行为应根据不同的原因有针对性地制定控制措施。

表 4-2　30 种常见的不安全行为及频率

序号	不安全行为	次数	序号	不安全行为	次数
1	不按规定执行手指口述或执行不规范的	11 128	16	支柱初撑力不够、钻底量超规定	151
2	违反矿相关管理制度的	9542	17	停机不停电或不摘把手离开耙装机的	150
3	安排工作未落实或落实不到位的	3896	18	不按规定交接班	147
4	管理不到位的	1459	19	跨越皮带不走人行过桥	128
5	不按规定填写各类记录或记录不规范的	1223	20	喷浆不正常使用防尘设施	123
6	锚杆扭矩、角度、间排距达不到设计要求	811	21	巷道支护质量不合格	121
7	不按规定佩戴各类劳保用品的	580	22	串岗、脱岗、空岗	117
8	不按规定路线行走的	356	23	钻眼与装药平行作业	100
9	打眼时人员站位不当	344	24	支柱未拴防倒绳或防倒绳断股严重	91
10	违反操作规程要求作业	313	25	瓦斯传感器悬挂位置不符合规程规定	84
11	锚网搭接量、扣间距不符合规程措施要求的	291	26	不正常使用 U 型卡	80
12	锚索支护巷道未按设计要求打锚索、锚索拖后	237	27	放炮不使用水泡泥，不使用净化水幕	70
13	不随身携带、不按规定使用矿灯、安全帽、自救器的	221	28	未进行二次注液，支柱初撑力不符合规程规定	67
14	临时支护不合格或未进行临时支护	211	29	工作中睡岗	64
15	支架初撑力不达标，前梁不接顶，侧护板、护帮板未及时打出	170	30	钻机缺油、不完好等作业	61

4.3.4 决策树模型的构建

决策树是一种结构简单,易于理解的分类和预测技术。它的优势在于不需要进行参数设置,并且需要的专业知识较少,因此适用于探索性知识发现。决策树是一种树形结构,树的顶端代表总体的无序样本,树中的每个节点代表变量的某些属性,而每个枝干代表了属性的取值范围,每个叶节点表示经历从根节点到该叶节点路径上变量的值。

在 1986 年,Quinlan 首次提出了 ID3 算法,并在 1996 年以此模型为基础进行改进,提出了 C4.5 决策树算法。以上两种算法都是基于信息分类的。基于 Gini 索引的算法出现在 1986 年,包括 CART 算法、SLIQ 算法和 SPRINT 算法。本书利用决策树的 CART 算法对煤矿安全中人的不安全行为影响因素进行分析,旨在找出具有高频率不安全行为的人群的共同特征。

4.3.5 基于 CART 决策树的矿工不安全行为特征分析

5 个预测变量(不合格培训的数量、不正常出勤率、经验、年龄和教育程度)与分类目标变量(不安全行为的数量)一起使用,以找出哪些矿工更容易出现不安全行为。图 4-8 显示了 CART 决策树结果。分类树的层次结构显示第一个分裂节点是不合格的培训数量(NUT)。作为预测变量初始节点,按照不合格培训次数大于或者小于 3.5 次进行划分。该节点同时也是对不安全行为分类的最佳变量。

对煤矿中不安全行为的数量进行分类的第二个最佳变量是缺勤次数(NAA)。到该节点共生产了三条规则,从左到右依次是,当不合格的培训数量<2.5,缺勤次数<4.5 时,该决策树预测 65% (613/938)的不安全行为是处于低频率状态;当不合格的培训数量<3.5,缺勤次数≥4.5 时,该决策树预测 7% (20/285) 的不安全行为处于中等频率状态;而当不合格的培训数量≥3.5 且缺勤次数≥5.5 时,该分析预测 66% (243/370) 的不安全行为处于高频率状态。

当在引入工作经验(Ex)第三个变量的时候,决策树开始变得复杂,共产生了 8 条规则包括:不合格的培训数量≥2.5,且<3.5,缺勤次数<4.5,工作经验≥12 时,所发生的不安全行为次数较少;而在不合格的培训数量<3.5,缺勤次数≥4.5 的条件,工作经验超过 10 年的人员产生的不安全行为要远远小于不超过 10 年的;而在缺勤次数≥3.5,<6.5,且缺勤次数<5.5 的条件

下，工作经验≥12 比工作经验<12 产生的不安全行为少；同时，缺勤次数≥6.5，且缺勤次数<5.5 的条件下，工作经验超过 16 年的人员产生的不安全行为数量较低，不超过 16 年人员的产生不安全行为的次数为高等。第四个变量为年龄变量，共产生规则 3 条，从规则中我们可以发现，年龄超过 40 岁的人员，即使考勤和培训状态都不错，但随着年龄的增大，仍旧会产生中等频率的不安全行为。

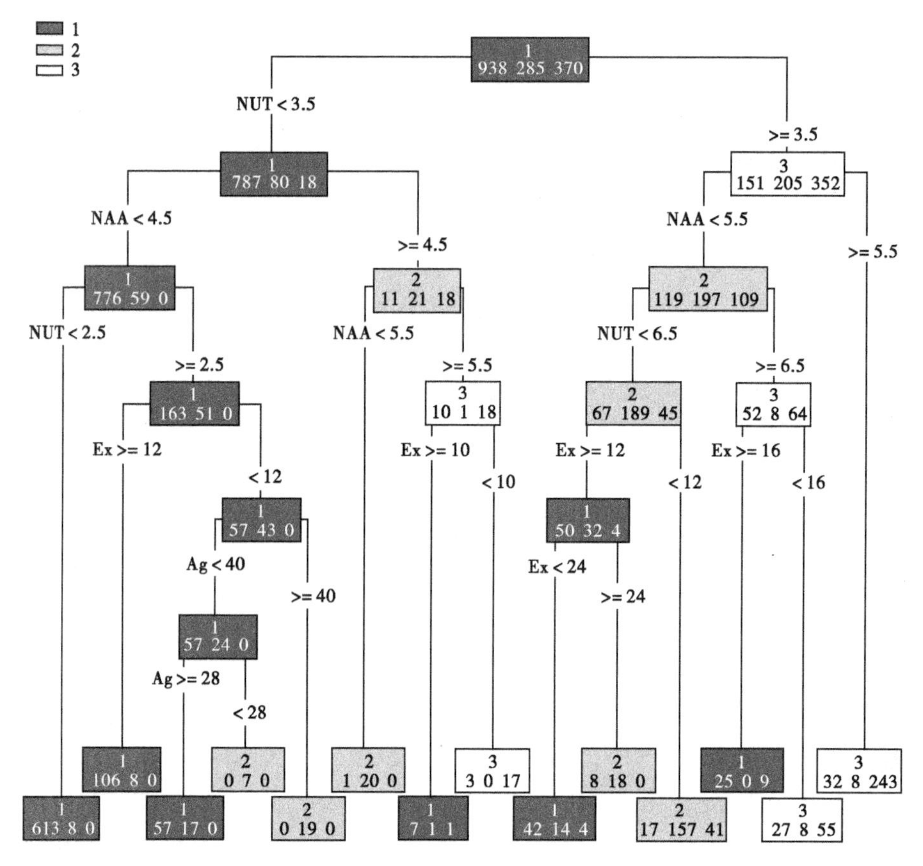

图 4-8　矿工不安全行为特征决策树

为了验证决策树对人员不安全行为预测结果的准确性，我们将 2220 份数据按照 70% 和 30% 来划分训练集和测试集，结果见表 4-3 和表 4-4，训练集预测的准确性达到 87%，即 1593 个训练样本中有 207 个被错误预测，具体可由混淆矩阵得知这 207 个错误样本中有 88 个为 1 类，64 个为 2 类，55 为 3 类。而测试样本预测的准确率比训练样本低 2 个百分点，但预测的准确率也达到了85%，在627个测试样本中，1类有35个样本被预测错误，2类有40个，三类有20个。决策树对于1类和3类预测的正确率都在88%以上，而对2类预测的正确率则只有70%。所以该决策树对于预测不安全行为发生频率高和低要好于发生频率为中等的人员。

在数据挖掘过程中，发现培训、出勤、经验和年龄都是影响人类不安全行为频率的因素。培训因素对不安全行为的影响最大。这主要是因为中国的煤矿大多是井下作业，煤矿工人需要更多的操作技能和经验来处理复杂的地质条件和操作环境。只有提高煤矿工人的安全意识，不断加强培训，才能减少煤矿事故。第二个重要因素是出勤状况，代表了员工对遵守公司规章制度的态度，轻微违反规章制度可能会导致地下煤矿发生重大事故。

此外，通过结果还发现不安全行为频率不仅受到单一因素的影响，而且还受到多种因素之间的相互作用的影响。当员工的培训和出勤率非常高的时候，不安全行为的发生频率通常很低，除了一些经验较少或年纪较大的人。相反，尽管一些有经验的员工能够避免不安全的行为，但大多数在培训和考勤方面表现不佳的员工都处于高频段。由于不安全行为的产生受到许多因素的影响，只有通过了解人类不安全行为的内在机制，才能正确地找到预防煤矿事故的方法。众所周知，人的因素是煤矿生产系统的核心。由于人的生理、心理、社会、精神等方面的特点，存在着一些固有的弱点和巨大的可塑性。因此，在发现不安全行为后，应该及时纠正不安全行为，避免事故的发生。

表4-3　CART决策树训练集的预测结果

训练数据	70%			
不安全行为数量分类	不安全行为数量的预测结果			
	1	2	3	行总计
1	850	26	62	938
2	48	221	16	285
3	14	41	315	370
边际总计	912	288	393	1593
训练数据的总体预测准确率为87%				

表 4-4　CART 决策树测试集的预测结果

测试数据	30%			
不安全行为数量分类	不安全行为数量的预测结果			
	1	2	3	行总计
1	296	5	30	331
2	28	96	12	136
3	6	14	140	160
边际总计	330	115	182	627
测试数据的总体预测准确率为 85%				

4.4　基于关联算法的煤矿隐患数据挖掘

4.4.1　煤矿安全隐患管理问题提出

隐患是煤矿事故发生的直接导火线，而隐患大多是由于缺乏对危险源的全面辨识和管理导致的。煤矿企业中常用的隐患管理系统或台账日志包括隐患发生的时间、地点、部门、隐患等级等数据。通过对危险源进行辨识找出可能存在的隐患，然后对隐患等级进行评估，最后制定相应的管控措施来保证在规定的时间进行整改是当前煤矿隐患管理的整体流程。企业管理人员将检查出来的隐患以及员工自查得到的隐患录入系统，然后限定时间让相关人员进行整改，可以实现对煤矿风险的提前管控，是煤矿安全管理的重要手段。目前，市面上大部分隐患管理系统都包含隐患录入、整改等功能，却没有对这些隐患之间关联关系的分析功能，从而无法更高效地实现对煤矿隐患的管理。本章尝试利用数据挖掘中的关联算法对煤矿隐患管理相关数据进行数据分析，试图通过分析隐患数据之间的关联关系来提升煤矿安全隐患管理效率。

4.4.2　数据来源及变量选择

本书的数据同样来源于某煤矿，该矿井从 2014 年开始实施煤矿安全隐患管理信息系统至今已产生大量的煤矿安全隐患数据，本书选取2015—2018年产生的共计52 178条隐患数据作为数据支撑。这些隐患数据大多是人工录入信息系统中的，还有部分是其他信息系统自动产生的。煤矿安全隐患排查过程中存在各种不确定性，使得数据记录上可能丢失数据，造成数据的不完整性，因此在进行数据挖掘之前需要进行数据预处理。其中存在数据缺失共计42条，鉴于数据缺失的数量比较少，删除之后对于挖掘结果没有太大影响，因此本书最终采用数据为52 136条。

在变量的选取过程中，选取6种不同类型的变量来解释隐患之间的关联关系（表4-5）。由于数据量较大，且存在的有效关联关系较多。本书以隐患风险等级作为目标变量，其他隐患发生部门、时间、位置和月份等因素作为基础变量进行分析。

表4-5　煤矿安全隐患变量选取

变量	缩写	类型	取值范围
隐患发生部门	De	离散型	掘进部，采煤部，机电部，通风部，运输部，安监部，调度部
隐患发生时间	Ti	离散型	白班（8:00—16:00），中班（16:00—24:00），晚班（00:00—8:00）
隐患发生位置	Lo	离散型	11307巷道，11308巷道，13301巷道，12310巷道，680巷道，12305巷道，12306巷道，13302巷道，11309巷道，11302巷道，900巷道，-960巷道，-650巷道，12310巷道
隐患风险等级	RLUB	离散型	A=低风险；B= 中等风险；C= 高风险
隐患发生月份	Mo	离散型	一月，二月，三月，四月，五月，六月，七月，八月，九月，十月，十一月，十二月

从煤矿安全隐患的风险等级来看，82.8%的煤矿隐患是低风险，16.2%的煤矿隐患是中度风险，只有1%的煤矿隐患是直接的高风险，如图4-9所示。虽然高危煤矿隐患的数量很少，但这些煤矿隐患造成事故的可能性和损失是巨大的。煤矿隐患的中度风险也可能导致重大事故，需要通过分析许多因素的潜在关联规则来控制。低风险的煤矿隐患引发事故的概率较

低，但其基数较大。

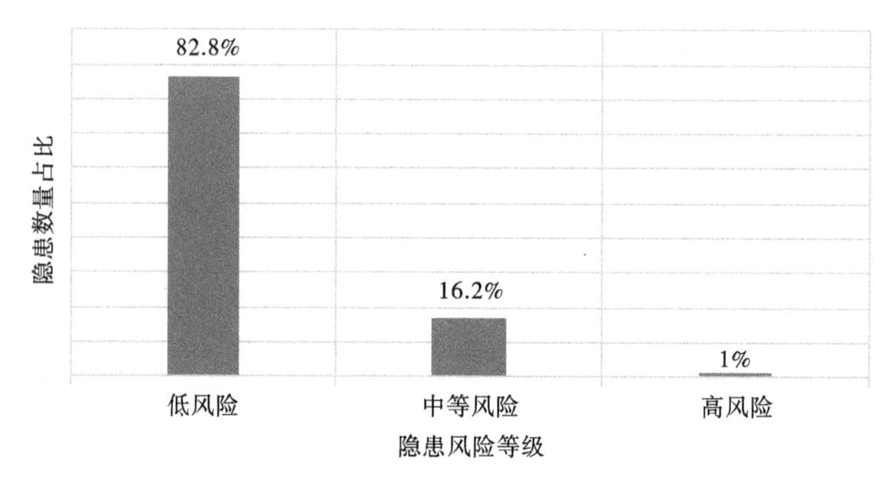

图 4-9　隐患风险等级分布图

4.4.3　关联规则模型构建

关联规则是所有数据挖掘方法中用来揭示数据内在结构的重要手段。目前是数据挖掘中最常用也是最活跃的一个分支，因为它在实际应用中具有良好的效果且简单易操作。关联规则挖掘主要用于发现事物之间存在的关联关系的一个过程。关联分析算法最早是由 Agrawal 等人于 1996 年提出。他们提出了用于分析关联关系的 Aprior 算法，该算法通过设置置信度和支持度两个阈值来对关联关系进行筛选，然而采用的是逐层搜索策略，数据库会被多次扫描，产生巨大的候选项集，造成模型运算时间过长。后有不同的学者进行改进，目前改进的 Aprior 算法包括基础 Hash 技术的改进算法和基于 FP-growth 技术改进算法等，旨在减少对数据库的扫描次数。此外还有针对多层次系统的多层次关联规则，与传统的单层关联规则挖掘一样，多层次关联规则也会产生大量的关联信息，去除冗余并提高运算效率也是当前多层次关联规则方法的主要任务。目前，多层关联规则的主要算法包括：Cumulate 算法、ML-T2L1 算法等。

由于本书的数据量并不大，选用 Aprior 算法即可满足当前计算的需要。因此，本章利用 Aprior 关联算法对煤矿安全隐患进行数据分析。

4.4.4 基于 Apriori 的煤矿隐患关联规则分析

对先期采集的安全隐患数据进行数据清理，探索安全隐患发生的部门、时间、地点、月份与不安全行为等级之间存在的关联性，能够为煤矿安全决策提供支持。利用关联规则中的 Apriori 算法，通过试错法将最小支持度设置为0.02，最小置信度设置为0.05，最小提升度设置为3来进行挖掘。共得到关联规则15条，通过对这15条关联规则进行逐条分析，剔除相似规则和重复规则，共得到6条有用规则，按照 lift 进行排序见表4-6所示。

表4-6 6条中等风险隐患最优关联规则

规则	LHS		RHS	支持度	置信度	提升度
1	{部门=掘进一队地点=12316掘进工作面}	=>	中等风险	0.020	0.94	5.41
2	{部门=掘进一队地点=12301掘进工作面}	=>	中等风险	0.024	0.56	3.19
3	{时间=晚上，月份=四月}	=>	中等风险	0.023	0.71	4.07
4	{部门=采煤一队，地点=13301采煤工作面，时间=白天}	=>	中等风险	0.039	0.93	5.32
5	{部门=采煤一队，地点=13309采煤工作面，时间=白天}	=>	中等风险	0.022	0.54	3.13
6	{部门=掘进一队地点=1150掘进工作面时间=晚上}	=>	中等风险	0.029	0.99	5.69

Rule1 和 Rule2 显示，掘进一队的工人容易在12316工作面和12301工作面发生风险等级为B的安全隐患，在12316工作面发生的置信度是0.94，在12301工作面发生的置信度为0.56，这表示掘进一队的工人在12316工作面发生的安全隐患中有94%都存在中等风险，而在12301工作面发生的安全隐患中有56%都存在中等风险。所以12316和12301工作面是掘进一队重点检查区域。Rule6 显示掘进一队部门在-1150工作面的夜班时间也容易产生中等风险的安全隐患。所以当掘进一队的工人在-1150工作面工作时，应注意夜班人员的安全行为。Rule4 和 Rule5 显示采煤一队的工人容易在13301工作面和11309工作面的白班时间发生中等风险的安全隐患，在

13301 工作面发生的置信度是 0.93，在 11309 工作面发生的置信度为 0.54，这表示采煤一队的员工在 13301 工作面发生的安全隐患中有 93% 都存在中等风险，而在 11309 工作面发生的安全隐患中有 54% 都存在中等风险。所以 13301 和 13309 工作面是采煤一队重点检查区域。Rule3 显示在 5 月份的夜班时候，发生中等风险的安全隐患的概率为 0.71。所以 5 月份的晚班时候也要加强对煤矿员工的安全隐患检查。

同样，我们也可以将 RHS 设置为地点、部门、特定的安全隐患以及月份等变量来挖掘其他一些有用关联信息。而得到的结果对煤矿企业来说是有意义的。通过关联规则得到的结果，可以使得检查人员在进行煤矿安全隐患检查的时候更具有针对性，能够快速找出什么部门在什么地点和时间发生什么样的安全隐患。同时，也可以使得员工主动地排查自身存在的关联安全隐患，降低自身存在的安全隐患风险。

使用 Apriori 关联规则挖掘算法来对煤矿隐患管理的要素进行挖掘，包括部门、时间、位置、月份和风险水平，我们发现多个维度之间的强关联规则，避免或减少煤矿事故的发生。与此同时，使用这些强大的关联可以提高我们调查人员工作的效率。当我们需要发现一个部门或地点时，通过关联规则获得的结果会为我们检查安全隐患带来更明确的目标。

5 大数据背景下煤矿安全管理效率评估及预测分析

通过上一章对煤矿安全管理多个方面的数据挖掘应用分析,可以在一定程度上提高煤矿安全管理效率。本章以此为基础,将煤矿安全管理效率评估定位于煤矿企业内部,对大数据背景下煤矿企业整体安全管理效率状况进行评估。在评估方法上,将基于模型驱动的 DEA 算法与基于数据驱动的 BP 神经网络算法相结合,利用二者的优越性建立具有可操作性的煤矿安全管理效率评价模型,完善了煤矿安全管理效率评估方法,也明晰了大数据对安全管理效率的影响路径。

5.1 常用的煤矿安全管理效率评估模型

5.1.1 模型驱动的煤矿安全管理效率评估方法

模型驱动方法是在已有的理论和指标体系基础上构建的一种科学研究方法。而依据方法思路及指标选取的不同,大致可以将基于模型驱动的煤矿安全管理效率评估方法划分为三类:

(1)定性综合打分方法

通过一定的安全管理理论基础,并结合自身的安全管理经验以及制定的检查框架对安全管理效率进行评估的方法。该方法易操作,所需的培训成本低。但检查结果的主观性强,不同的检查人所打的分值会差异很大。目前常用的定性综合打分方法包括:综合检查表法、因果图分析方法、作业条件危险性评估方法等。

（2）指标体权重系构建方法

首先，通过问卷调查、访谈、文献研究等手段确定煤矿安全管理效率影响因素。其次，对影响因素进行层次划分，并赋予权重。最后利用加权各层次指标的数据之和作为最终安全效率结果的值。具体的方法包括：层次分析法、模糊综合评价、TOPSISI、灰色聚类、投影寻踪聚类等方法。

（3）依据投入产出理论的 DEA 方法

通过对比安全管理投入和安全管理产出之间的因果关系，来计算煤矿安全管理效率值。DEA 方法对选取输入和输出指标不需要事先进行指标权重的计算，这样可以减少主观因素的存在，大大增加结果的可信度。目前 DEA 模型的快速发展已经产生多种 DEA 模型，例如广义 DEA、超效率 DEA、模糊 DEA 等模型。

5.1.2 数据驱动的煤矿安全管理效率评估方法

数据驱动的煤矿安全管理效率评估方法是以数据为基础来区别出不同安全管理效率之间的差异所在的方法。目前主流的数据驱动方法包括：支持向量机（SVN）、人工神经网络（ANN）、贝叶斯网络等。

5.1.3 模型驱动和数据驱动的优缺点

模型驱动和数据驱动的安全效用评估方法都有着各自的优缺点，见表 5-1。

在模型驱动方面，定性综合打分方法由于其操作简单、易理解使用、学习成本低等优点深受企业欢迎，但该方法的主观性太大，结果很难让别人信服；指标体权重系构建方法即使影响因素很多，也能够很快速准确地罗列出因素之间的关系，但在定量评估上面存在不足；DEA 模型对各评价参数不需事先设定权重并能够分析出相对效率低下的原因，但只是对 DMU 的相对效率评估，而非绝对效率评估。

在数据驱动的方法中，人工神经网络具有很强的非线性拟合能力，可映射任意复杂的非线性关系，而且学习规则简单，便于计算机实现，但是分析过程是黑箱操作无法解释推理过程；支持向量机以避免神经网络结构选择和局部极小点问题，但对大规模训练样本难以实施；贝叶斯网络用图形的方法描述数据间的相互关系，语义清晰，易于理解，但是评估的准确率稍低。

表 5-1　6 种常见安全效用评估模型的优缺点

模型	模型名称	优点	缺点
模型驱动	定性综合打分方法	操作简单、易理解使用、学习成本低	结果主观性强，不同的检查人所打的分值差异会很大
	指标体权重系构建方法	可以通过分析找出复杂系统内的相互作用关系	主观性较强，并且难以把握哪些因素是表层因素，哪些是深层因素
	投入产出 DEA 方法	对各评价参数不需事先设定权重并能够分析出相对效率低下的原因	事后评估，且只是对 DMU 的相对效率评估，而非绝对效率评估
数据驱动	人工神经网络	有很强的非线性拟合能力，可映射任意复杂的非线性关系，而且学习规则简单，便于计算机实现	无法解释自己的推理过程和推理依据以及需要精确的数据来源
	支持向量机	可以避免神经网络结构选择和局部极小点问题	SVM 算法对大规模训练样本难以实施
	贝叶斯网络	用图形的方法描述数据间的相互关系，语义清晰，易于理解	评估的准确率稍低

5.2　基于 DEA-BP 神经网络的煤矿安全管理效率评估预测模型构建

5.2.1　模型设计

通过对上述效率评估方法优缺点的分析，本书尝试将基于模型驱动的煤矿安全管理效率评估方法和基于数据驱动的煤矿安全管理效率评估方法相结合，提出一种基于“模型+数据”混合驱动的煤矿安全管理效率评估方

法,即:DEA-BP 神经网络煤矿安全管理效率评估预测模型,以弥补单一评估模型的缺点。具体设计思路如下:

首先,明晰各个安全效率评估模型的优缺点,这样才能取长补短,发挥出各自的优势。单纯的利用专家、问卷等手段进行效率评估主观性太强,同时稳定性较差。因此,该方法可以作为辅助手段进行指标选取和验证。指标体权重系构建方法缺乏创新性。DEA 方法是一种专门针对于效率评估的方法,并且对各评价参数不需事先设定权重,减少主观人员意见,增强客观性。并且能够分析出煤矿企业安全效率相对低下的原因。

其次,DEA 虽然能够明确煤矿企业的安全管理投入和产出之间的变化,但属于一种后评价方法,也就是说只有等安全管理产出结果发生后才能进行评估。煤矿安全管理效率 DEA 模型的 DMU 数量不多,这就导致输入和输出指标数量上的选取受限,不能够全面地展现出企业的安全管理效率状况。

再次,可以尝试采用数据驱动方法中的预测功能来弥补 DEA 模型的不足。人工神经网络作为一种机器学习方法,在预测方面具有强大的优势。将 DEA 的输入指标和效率评估结果输入到 BP 神经网络中进行训练,就可以发现二者之间的关系,不需要安全产出的参与。此外,还可以增加部分输入指标来实现对评价结果的进一步优化。

最后,基于 DEA 和 BP 神经网络构建的煤矿安全管理效率评估预测模型不仅能够弥补自身的缺点,增强测算结果的准确性。同时还能够实现对煤矿安全管理效率的预测,探索大数据对煤矿安全管理效率的影响路径,为未来的安全管理决策提供一定帮助。

5.2.2 模型构建

在 DEA 与 BP 神经网络的相关理论基础上,本书建立基于 DEA-BP 神经网络混合驱动的煤矿安全管理效率评估模型。首先,通过选取少数具有代表性的输入输出指标带入 DEA 模型并求解,得到煤矿安全管理效率评值。其次,对煤矿安全管理效率值进行编码作为输出指标,再将原有输入指标数据进行补充。归一化后训练集带入未训练的 BP 神经网络模型进行反复迭代训练,然后利用测试集进行模型检验。最后,根据多次准识别的结果,对 DEA 模型的预识别结果进行修正,从而得到煤矿安全管理效率的最终识别结果。具体操作流程步骤如图 5-1 所示:

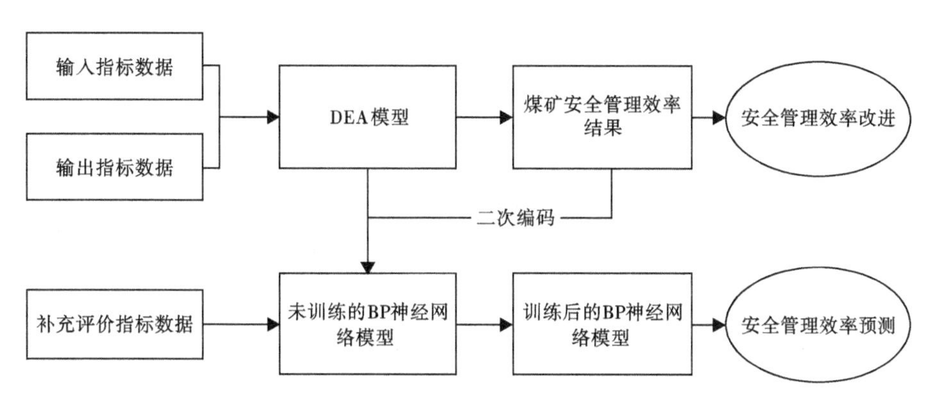

图 5-1 DEA-BP 神经网络煤矿安全管理效率评估模型

【步骤】:决策单元(DMU)和输入输出指标选取。在利用 DEA 模型进行煤矿安全管理效率评估之前,应首先要明晰决策单元的来源和输入输出指标的选取。在 DMU 选取时,要尽量选取具有相同或者相似特征的煤矿企业,使得这些 DMU 具有相同的任务和目标。其次输入和输出指标不应选择过多,要满足 DEA 模型的自由度原则,即输入与输出指标数量之和的 2 倍要小于 DMU 数量,这样得到的效率评估结果才更可信。最后,同类型或者相关性强的输入输出指标可以进行转化合并,降低 DEA 模型的复杂程度,减少运算过程。

【步骤 2】:DEA 运算模型的选取。在研究中究竟应选择何种模型,目前尚未有一致意见。依据 DMU 的特征、研究目标、数据类型选择合适的 DEA 运算模型进行计算。如 BCC 模型较 CCR 模型能计算纯技术效率、规模效率,对效率的评价较为全面。所以,在实际运用中,要根据研究实际情况选择合适的模型。本书选取 BBC 运算模型对煤矿安全管理效率进行静态分析,具体模型如下:

$$\begin{aligned}&\min\theta;\\&\sum_{j=1}^{n}\lambda_jX_j+S^-=\theta X_0,\\&\sum_{j=1}^{n}\lambda_jX_j-S^+=Y_0,\\&s.t.\ \sum_{j=1}^{n}\lambda_j=1,\\&\theta\leqslant 1,S^-\neq 0,S^+\neq 0\\&j=1,2,3,\cdots,n\end{aligned}\tag{5-1}$$

其中,X 为投入变量,Y 为产出变量,n 是决策单元个数,S^-为投入松弛变量,S^+为产出松弛变量,θ 为决策单元的有效数值。当 $\theta=1$ 时,说明 DEA 有效。$\theta<1$ 时,说明 DEA 无效。

然后再利用 Malmquist 指数进行动态分析。具体模型如下:

$$\begin{aligned}&M(x^{t+1},y^{t+1},x^t,y^t)\\&=\frac{D^{t+1}(x^{t+1},y^{t+1}\mid VRS)}{D^t(x^t,y^t\mid VRS)}\frac{D^{t+1}(x^{t+1},y^{t+1}\mid CRS)}{D^{t+1}(x^{t+1},y^{t+1}\mid VRS)}\\&\times\frac{D^t(x^t,y^t\mid VRS)}{D^t(x^t,y^t\mid VRS)}\\&=effch\times techch=pech\times \mathrm{sech}\times techch=tfpch\end{aligned}\tag{5-2}$$

其中,$D^t(x^{t+1},y^{t+1})$和 $D^t(x^t,y^t)$分别表示以 t 期为技术参考时 t 期和(t+1)期的评价对象的决策单元距离函数。其中 tfpch 表示的含义为全要素生产率指数,effch 为综合技术效率,techch 的含义为技术进步效率,pech 为纯技术效率,sech 为规模效率。

【步骤 3】:将输入输出指标带入选取的 DEA 运算模型,并利用 deap 2.1 软件求解。

【步骤 4】:对安全管理效率评估结果进行划分,并进行编码。通过 DEA 模型运算可以得到决策单元的管理效率状况,投入和产出状况。根据不同的评估结果进行二进制编码。

【步骤 5】:增加补充指标并进行标准化处理。由于 DEA 对输入输出指标数量的限制,导致评估结果会出现一定的误差。然而 BP 神经网络对输入指标数量没有明确限制。若是 DEA 输入指标不足时,可适当增加输入指标数量,从多个角度反映煤矿安全管理效率的状况。此外,输入和输出指标的量纲存在不同,在输入到 BP 神经网络进行训练之前,首先应进行归一化处理,并且进行归一化处理后还可以提升网络训练的收敛速度。具体归一化公式如公式(5-3):

$$x_i^* = \frac{x_i - x_{\min}}{x_{\max} - x_{\min}} \tag{5-3}$$

【步骤 6】:建立训练样本集和检验样本集。运用 BP 神经网络前要从样本中抽取两部分用于实现网络学习的目的,分别是:训练集(train set)和测试集(test set)。训练集的功能是训练网络,测试集的功能是检验由训练集所训练出的网络能否达到预期性能。通常来说保持训练集占总样本的 35% ~ 50%,测试集占总样本 20% 的比例即可达到较为理想的效果。

【步骤 7】:设计神经网络的层数。在网络层数的选取上,首先应考虑三层 BP 神经网络,如若误差较大可以适当增加隐层数来减少误差。但过多的隐层数量会增加网络复杂程度,增加训练时间或者出现过拟合现象。另外,隐层节点数的选择可以参考公式 5-4 到 5-7 进行选择。

$$K < \sum_{i=1}^{n} C_i^l \tag{5-4}$$

$$l = \sqrt{n + m} + \alpha \tag{5-5}$$

$$l = \log_2 n \tag{5-6}$$

$$l = \sqrt{0.43mn + 0.12m^2 + 2.54n^2 + 0.77m + 0.35n + 0.51} \tag{5-7}$$

上述公式中, K 为样本数, l 为隐单元数, n 为输入神经元数, m 为输出单元数, α 为 1 ~ 10 之间的常数。

步骤 8:利用 BP 神经网络模型进行样本训练,并进行结果预测。

5.3 模型应用

5.3.1 样本数据的选取

随着中国煤炭产能的过剩,一些核定生产能力较低的煤矿企业已经处于停产或关闭阶段,国有大型煤矿的主导地位逐渐凸显。根据国家能源局统计,截至 2018 年,中国具有安全生产许可证的煤矿数量为 3800 家左右,共

生产34.91亿吨煤每年。同时还有一些正在审批和正在建设的煤矿约1000处,接近产能10亿吨每年。此外,为了解决煤炭产量过剩问题,国务院拟关闭年产量在15万吨/年以下,且发生过重大责任事故的煤矿企业。同时,采用落后采煤工艺的煤矿企业也将会在近几年关闭。

晋、蒙、陕、宁等4个地区产能小于60万吨/年,冀、辽、吉、黑、苏、皖、鲁、豫、甘、青、新等11地区产能小于30万吨/年,其他地区产能小于9万吨/年的非机械化开采的煤矿也将有序退出。从上述信息中我们可以发现,未来中国的煤炭企业大多是要集中在年生产能力在百万吨煤矿以上国有煤矿企业。

因此,本书在选取样本时,主要从煤炭产量前十的省、自治区(内蒙古自治区、山西省、陕西省、新疆维吾尔自治区、贵州省、山东省、安徽省、宁夏回族自治区、河北省、河南省)中选取年生产能力100万~260万吨之间的20家煤矿企业作为实证研究的样本,它们依次是:安徽省的杨柳煤矿和朱仙庄煤矿;贵州省的月亮田煤矿和山脚树煤矿;河南省的孟津煤矿和新安煤矿;宁夏回族自治区的白芨沟煤矿和王洼煤矿;山东省的柴里煤矿和王楼煤矿;山西省的忻州窑矿和马兰矿;新疆维吾尔自治区的硫磺沟煤矿和2130煤矿;内蒙古自治区的平沟煤矿和六家煤矿;陕西省的桑树坪煤矿和白鹭煤矿;河北省的郭二庄煤矿和邢东矿。

之所以选取这些煤矿作为样本,一方面是因为这些煤矿年产能力和安全特征相仿,但企业的大数据和信息化状况有所差异,更能体现大数据对煤矿安全管理效率的总体影响作用。另一方面,由于煤矿安全管理数据的敏感性,很多企业并不愿意提供内部资料,导致样本选取数量上受限。但所选的20家煤矿企业能够满足当前的计算需求,具体生产能力和大数据状况见表5-2。在数据的时限范围上,本书选取了2012—2017年的数据,这几年是大数据在煤矿安全应用上的起步发展时期,因此得到的结果更能准确反映大数据对安全管理效率影响状态。数据主要来源于国家能源网、国家煤炭总局、中国统计局以及各煤矿企业内部资料等。

表 5-2　20 家煤矿企业生产能力以及大数据信息状况

序号	省、自治区	煤矿名称	生产能力	大数据及信息化状况
1	安徽	杨柳煤业	180	快速发展
2	安徽	朱仙庄煤矿	180	快速发展
3	贵州	月亮田煤矿	115	起步阶段
4	贵州	山脚树煤矿	180	起步阶段
5	河南	孟津煤矿	120	快速发展
6	河南	新安煤矿	180	成熟缓增发展
7	宁夏回族自治区	白芨沟煤矿	160	起步阶段
8	宁夏回族自治区	王洼煤矿	150	起步阶段
9	河北	郭二庄煤矿	180	快速发展
10	河北	邢东矿	125	起步阶段
11	山西	忻州窑矿	230	快速发展
12	山西	马兰矿	150	成熟缓增发展
13	新疆维吾尔族自治区	硫磺沟煤矿	150	起步阶段
14	新疆维吾尔族自治区	2130 煤矿	120	快速发展
15	内蒙古自治区	平沟煤矿	180	起步阶段
16	内蒙古自治区	六家煤矿	180	起步阶段
17	陕西	桑树坪煤矿	165	起步阶段
18	陕西	白鹭煤矿	120	快速发展
19	山东	柴里煤矿	240	成熟缓增发展
20	山东	王楼煤矿	120	快速发展

资料来源：国家能源网站及各煤矿企业实际情况

5.3.2　评价指标的选取

煤矿安全管理效率 DEA 评估模型的输入和输出指标选取并无特定的准则和方法。但从目前的研究来看，指标的选取要有客观性、准确性、可得性和全面性等特征，输入指标尽量选取成本型指标，输出指标尽量选择效益型指标。在煤矿安全管理中成本类的指标有安全投入、培训、从业人数、隐患

数量等。煤矿安全管理效率类指标往往指的是安全事故和死亡人数最小化。此外,构建输入输出指标之前,还需对当前的文献研究进行一定的借鉴。马金山在根据煤矿安全管理效率的定义构建反映煤矿的安全管理效果、安全基础水平和安全管理资源的煤矿安全管理效率评价指标体系,并提出广义灰靶决策方法对煤矿安全管理效率进行评估。依据煤矿企业自身特点及安全特征指标,选取了煤矿安全效率评估的 DEA 指标分别为:安全投入(万元)、从业人数(人)、培训次数(次)、隐患数量(次数)、危险源数量(次数)为 DEA 的投入指标;煤矿的安全产出(万元)、隐患整改率(%)和伤亡人数(人)为 DEA 的输出指标。

在 DEA 模型中,输入指标值越小越好,而输出指标值越大越好。而本书选取的伤亡人数为逆向指标,需要进行倒数处理来保证指标方向的一致性。同时,还要满足 DEA 自由度的要求。本书共选取 4 个输入指标,4 个输出指标,20 个 DMU。符合输入输出指标之和的 2 倍小于 DMU 数量的要求。具体的指标内容见表 5-3。

表 5-3 煤矿安全管理效率输入输出指标

输入指标	*X*1	安全管理投入
	*X*2	安全培训次数
	*X*3	资产总额
	*X*4	员工人数
输出指标	*Y*1	事故起数
	*Y*2	伤亡人数
	*Y*3	隐患整改率
	*Y*4	安全产出

5.3.3 基于 DEA 的煤矿安全管理效率评价与分析

(1)基于 DEA 的安全管理效率结果评估与分析

利用 DEAP 2.1 软件对 20 家煤矿企业输入输出指标进行处理,可以得到 2012—2017 年的各煤矿安全管理效率值、平均值、中位数、变异系数以及最小值等,具体数值见表 5-4。

从表5-4中我们可以看出，选择的20家煤矿企业从2012—2017年间，煤矿安全管理的平均值分别为0.602，0.645，0.570，0.667，0.771和0.705，数据的区间范围为[0.55，0.85]之间，并且每年安全管理效率处于有效状态的企业数量为5，10，6，8，7，8。说明中国煤矿企业的安全管理效率评估水平一般，处于中等水平。20家煤矿企业中每年安全管理有效的企业达不到50%，存在一定的投入冗余，资源利用有待提高。下面分别对每年的安全管理效率指数进行分析。

表5-4　2012—2017年20家煤矿企业安全管理效率汇总

企业名称	2012年	2013年	2014年	2015年	2016年	2017年
杨柳煤业	0.950	0.337	0.376	0.421	0.774	0.723
朱仙庄煤矿	0.197	1.000	1.000	0.316	1.000	1.000
月亮田矿	1.000	0.251	0.286	0.685	0.615	0.368
山脚树煤矿	0.309	0.144	0.446	0.259	0.268	0.173
孟津煤矿	0.528	1.000	1.000	1.000	1.000	1.000
新安煤矿	1.000	1.000	0.788	0.483	1.000	1.000
白芨沟煤矿	0.581	0.877	0.385	0.475	0.798	0.415
王洼煤矿	0.360	0.092	0.220	1.000	0.275	0.527
郭二庄煤矿	1.000	1.000	1.000	0.172	1.000	0.613
邢东矿	0.301	0.338	0.300	0.714	0.661	0.316
忻州窑矿	0.947	1.000	0.237	0.564	0.899	1.000
马兰矿	0.650	1.000	1.000	1.000	0.750	1.000
硫磺沟煤矿	0.270	0.150	0.386	0.403	0.505	0.304
2130煤矿	1.000	1.000	0.443	0.525	0.698	0.718
平沟煤矿	0.551	1.000	1.000	1.000	0.478	0.738
六家煤矿	0.212	0.187	0.223	0.329	1.000	0.517
桑树坪煤矿	0.196	0.250	0.449	1.000	0.776	0.681
白鹭煤矿	1.000	1.000	0.226	1.000	0.927	1.000
王楼煤矿	0.526	1.000	0.631	1.000	1.000	1.000
柴里煤矿	0.455	0.278	1.000	1.000	1.000	1.000
平均值	0.602	0.645	0.570	0.667	0.771	0.705

续表 5-4

企业名称	2012 年	2013 年	2014 年	2015 年	2016 年	2017 年
中位数	0.540	0.939	0.445	0.625	0.787	0.721
标准差	0.308	0.385	0.311	0.298	0.235	0.280
最小值	0.196	0.092	0.220	0.172	0.268	0.173
变异系数	0.512	0.596	0.546	0.446	0.305	0.397
最大值	1.000	1.000	1.000	1.000	1.000	1.000
管理有效数量	5	10	6	8	7	8

2012 年，上述煤矿企业安全管理效率平均值为 0.602，冗余度为 39.8%。其中，20 家煤矿企业中仅有 5 家煤矿企业的安全管理效率值为 1，也就是说仅有 5 家企业的安全管理是处于有效的状态，剩下的 15 家煤矿企业处于安全管理无效状态，有效率比值仅为 25%。此外，该年度的中位数为 0.540，小于平均值 0.602，说明 2012 年 20 家煤矿企业安全管理效率水平低于平均值的企业数量大于超过平均值的企业数量。2012 年中国煤矿安全管理效率的标准差为 0.308，与平均值相比较得到的变异系数（C.V）为 51.2%。

2013 年，上述煤矿企业的煤矿安全管理效率平均值较 2012 年相比上升了 4.3%，达到了 0.645。2013 年实现安全管理效率有效的企业为 10 家，是 2012—2017 年之间中煤矿企业安全管理有效数量最多的一年。同时，最小值 0.092<0.196，说明 2013 年管理效率值最低的王洼煤矿在安全管理上面发生了较大变化，由 2012 年的 0.360 下降到了 0.092，主要是该煤矿在安全投入以及隐患数量方面存在不足。该年度的中值为 0.939>2012 年的中值 0.540，说明从总体上来说，2013 年大部分的煤矿企业安全管理效率有了一定的进步。2013 年煤矿企业的安全管理效率标准差由 2012 年 0.308 上升到了 0.385，同时变异系数也增加了 8.4 个百分点，说明与 2012 年相比，煤矿企业之间的安全管理效率水平开始增大，波动幅度也有所增加。

2014 年，中国煤矿企业安全管理效率的平均值为 0.570，较 2013 年的 0.645 出现了较大幅度的下降，同时在所有 20 家煤矿企业中有 6 家达到了安全管理效率有效，相比于 2013 年减少了 4 家。此外，安全管理效率的中值是 0.445<0.939，说明安全管理效率提升的企业数量较少，下降的数量较多。

2014 年煤矿企业的安全管理效率标准差由 2013 年 0.385 下降到了 0.311，同时变异系数也下降了 5 个百分点，说明与 2013 年相比，20 煤矿企业之间的安全管理效率水平差距缩小，波动幅度也有所下降。

2015 年，中国煤矿企业安全管理效率的平均值为 0.667，较 2014 年的 0.570 有了很大程度的提升。所有 20 家煤矿企业中有 8 家达到了安全管理效率有效，相比于 2014 年增加了 2 家。此外，安全管理效率的中值是 0.625 >0.445，说明安全管理效率提升的企业数量要多于下降的煤矿企业。2015 年煤矿企业的安全管理效率标准差由 2014 年 0.311 下降到了 0.298，同时变异系数也下降了 10 个百分点，说明与 2014 年相比，2015 年 20 煤矿企业之间的安全管理效率水平差距缩小，波动幅度下降明显。

2016 年，中国煤矿企业安全管理效率的平均值为 0.771，较 2015 年的 0.667 出现了一定程度的提升，同时也是 2012—2017 年间安全管理效率平均值最大的一年。所有 20 家煤矿企业中有 7 家达到了安全管理效率有效，相比于 2014 年减少了 1 家。此外，安全管理效率的中值是 0.787>0.625，说明安全管理效率提升的企业数量要稍多于下降的煤矿企业。2016 年煤矿企业的安全管理效率标准差由 2015 年 0.298 下降到了 0.235，同时变异系数也减少了 14.1 个百分点，说明与 2015 年相比，2016 年 20 煤矿企业之间的安全管理效率水平差距开始缩小，波动幅度也有小幅减少。

2017 年，中国煤矿企业安全管理效率的平均值为 0.705，较 2016 年的 0.771 出现了一定程度的下降，但下降的幅度很小。所有 20 家煤矿企业中有 8 家达到了安全管理效率有效，相比于 2016 年增加了 1 家。此外，安全管理效率的中值是 0.721<0.787，说明安全管理效率提升的企业数量要稍少于安全管理水平下降的煤矿企业。2017 年煤矿企业的安全管理效率标准差由 2016 年 0.235 上升到了 0.280，同时变异系数也增加了 9.2 个百分点，说明与 2016 年相比，2017 年 20 煤矿企业之间的安全管理效率水平差距出现了震荡增大的趋势，波动幅度也有小幅增加。

从上述的对单一年份的分析，我们发现 2012—2017 年间煤炭企业的安全管理效率平均值呈现出震荡上升的趋势，这也就说明当前煤矿企业的安全管理效率并不稳定。同时安全管理效率有效的企业数量也呈现出震荡上升趋势，但由于所选的年份数量不够导致增长趋势不是很明显。后续如何保证煤矿企业的安全管理效率，是我们后续需要重点关注的问题。为了更为清晰地表达 20 家煤矿企业安全管理效率的发展趋势，采用柱状图和曲线

图的方式来表现相关数据，得到2012—2017年的煤矿安全管理效率及相关结果的发展趋势图，如图5-2所示。

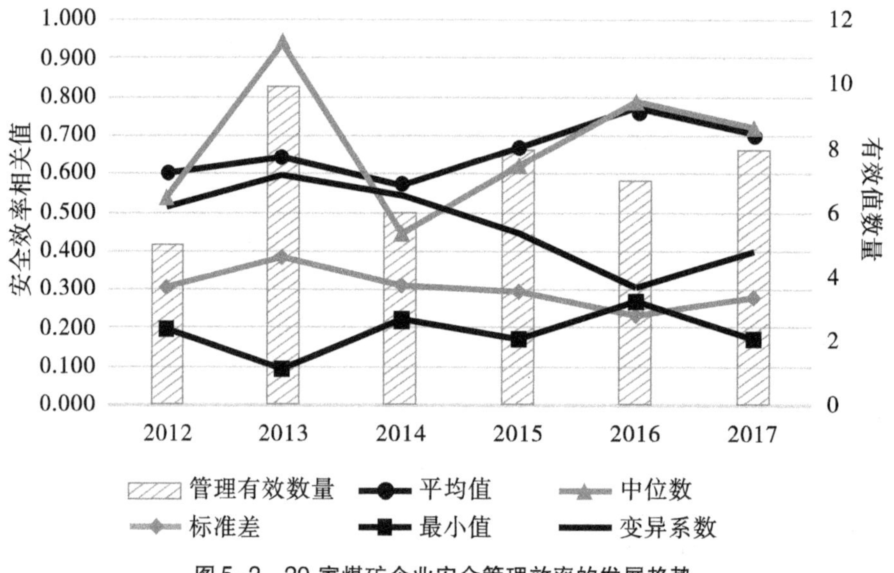

图5-2　20家煤矿企业安全管理效率的发展趋势

(2)基于DEA的中国煤炭企业技术效率的结果与分析

煤矿企业总体安全管理效率受到企业技术效率和规模效益的影响，是二者的乘积之和。技术效率的定义可以从投入角度和产出角度分别进行阐述。从投入角度来看，技术效率指的是相同的安全管理产出下理想的最小投入与实际投入之间的比例。从产出角度来看，技术效率指的是在同一投入条件下所获得实际产出与最优产出之间的比例。因此，技术效率可以反映出当前应用大数据技术的使用对安全水平提升的效率。本书利用DEA分析20家煤矿企业技术效率的平均值和有效值数量见表5-5。

在2012—2017年间，20家煤矿企业的技术效率变化幅度并不明显，呈现出震荡波动趋势。技术效率平均值大多处于[0.7,0.8]之间，说明这些煤矿企业的技术效率水平处于中等水平，距离最优的技术效率还有一定差距，仍然有较大改进空间。具体来看，2012—2013年，技术效率增长了1.3个百分点，呈现上升趋势。但是到了2014年，技术效率均值又下降了4个百分点，说明大数据技术在煤矿安全管理中应用在前期呈现负向作用。2014—2016年，技术效率出现快速增长，共上升了14.2个百分点，说明大数据技术的作用在安全管理中的作用明显，但是到2017年后又开始小幅回落，下降了13.7个百分点。这说明当前煤矿企业对新技术和新管理方法的专注度不够，不能够长期保证这些新技术带来的效果。每年技术有效的企业数量会出现一定波动增长。

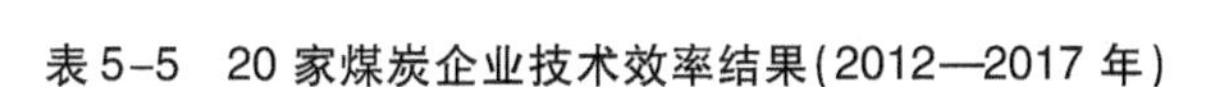
表5-5　20家煤炭企业技术效率结果(2012—2017年)

企业名称	2012年	2013年	2014年	2015年	2016年	2017年
杨柳煤业	1.000	0.401	0.528	0.552	1.000	1.000
朱仙庄煤矿	0.365	1.000	1.000	0.359	1.000	1.000
月亮田矿	1.000	0.374	0.406	0.687	0.630	0.610
山脚树煤矿	0.422	0.352	0.866	0.406	0.661	0.335
孟津煤矿	0.660	1.000	1.000	1.000	1.000	1.000
新安煤矿	1.000	1.000	0.878	0.855	1.000	1.000
白芨沟煤矿	0.694	0.907	0.667	0.622	0.811	0.481
王洼煤矿	0.399	0.334	0.424	1.000	0.345	0.365
郭二庄煤矿	1.000	1.000	1.000	0.294	1.000	0.375
邢东矿	0.336	0.417	0.520	0.730	0.715	0.402
忻州窑矿	1.000	1.000	0.341	0.701	0.521	1.000
马兰矿	0.719	1.000	1.000	1.000	0.758	1.000
硫磺沟煤矿	0.508	0.378	0.415	0.615	0.712	0.452
2130煤矿	1.000	1.000	0.609	0.833	1.000	0.724
平沟煤矿	0.851	1.000	1.000	1.000	0.879	0.493
六家煤矿	0.485	0.423	0.469	0.402	1.000	0.320
桑树坪煤矿	0.385	0.664	0.565	1.000	0.699	0.442
白鹭煤矿	1.000	1.000	0.341	1.000	1.000	1.000
王楼煤矿	0.760	1.000	0.874	1.000	1.000	1.000
柴里煤矿	0.850	0.444	1.000	1.000	1.000	1.000
平均值	0.722	0.735	0.695	0.753	0.837	0.700
有效数量	7	10	5	8	10	9

在20家煤矿企业技术效率有效方面呈现出波动增长态势,与技术效率平均值存在一定相似趋势。2012年技术效率有效的数量共有7家,占比为35%。2013年增长到10家。2014年出现大幅下降,技术有效的煤矿企业数量下降了50%,仅有5家企业达到技术有效。而后两年又快速增长到了10家左右。这种震荡增长的趋势说明当前大数据技术在煤矿安全管理提升方面有很大的发展空间,只要使用得当,短期效果虽不明显,但在2~3年后,技术效率增长幅度非常快。同时,企业管理者也应注重对这些状态的保持,防止出现下降的趋势。

(3)基于DEA的中国煤矿企业规模效率的结果和分析

规模效益指的是煤矿企业实际安全规模效益与最优安全规模效益之间的比例,它代表了煤矿企业对当前安全管理资源合理利用的能力。当大数据投入或者运行比例增长时,带来的产出价值大于投入增长价值,可称之为规模效益有效。因此,规模效益主要反映的是大数据对安全管理规模提升的效率。本书利用DEA分析20家煤矿企业规模效率的平均值和有效值数量如表5-6所示。

表5-6 20家煤矿企业规模效率结果分析(2012—2017)

企业名称	2012年		2013年		2014年		2015年		2016年		2017年	
杨柳煤业	0.95	drs	0.841	irs	0.712	irs	0.763	irs	0.774	drs	0.723	drs
朱仙庄煤矿	0.538	irs	1	-	1	-	0.88	irs	1	-	1	-
月亮田矿	1	-	0.672	irs	0.704	drs	0.997	drs	0.977	drs	0.602	drs
山脚树煤矿	0.733	drs	0.41	irs	0.515	irs	0.637	irs	0.405	irs	0.517	irs
孟津煤矿	0.8	irs	1	-	1	-	1	-	1	-	1	-
新安煤矿	1	-	1	-	0.898	irs	0.565	irs	1	-	1	-
白茇沟矿	0.837	drs	0.967	drs	0.578	drs	0.764	irs	0.983	drs	0.863	drs
王洼煤矿	0.902	irs	0.274	drs	0.519	irs	1	-	0.798	irs	0.623	drs
郭二庄煤矿	1	-	1	-	1	-	0.586	irs	1	-	0.568	irs
邢东矿	0.896	irs	0.81	drs	0.577	irs	0.979	drs	0.924	drs	0.786	drs
忻州窑矿	0.947	drs	1	-	0.695	drs	0.804	irs	0.574	irs	1	-

续表 5-6

企业名称	2012 年		2013 年		2014 年		2015 年		2016 年		2017 年	
马兰矿	0.905	drs	1	-	1	-	1	-	0.99	drs	1	-
硫磺沟矿	0.531	irs	0.395	drs	0.931	irs	0.655	irs	0.71	irs	0.672	irs
2130 矿	1	-	1	-	0.727	irs	0.631	drs	0.698	irs	0.992	drs
平沟煤矿	0.647	irs	1	-	1	-	1	-	0.544	irs	0.483	drs
六家煤矿	0.437	drs	0.442	irs	0.476	drs	0.819	drs	1	-	0.677	irs
桑树坪煤矿	0.51	drs	0.377	drs	0.794	irs	1	-	0.538	irs	0.862	irs
白鹭煤矿	1	-	1	-	0.663	drs	1	-	0.927	irs	1	-
王楼煤矿	0.692	drs	1	-	0.721	irs	1	-	1	-	1	-
柴里煤矿	0.535	irs	0.625	irs	1	-	1	-	1	-	1	-
平均值	0.793		0.791		0.776		0.854		0.842		0.818	

注:irs 代表规模效益递减,drs 代表规模效益递增,-代表规模效益不变

在 2012—2017 年间,20 家煤矿企业的规模效率呈现出小幅增长趋势。技术效率平均值大多处于[0.75,0.85]之间,说明这些煤矿企业的规模效率水平处于中等偏上水平,但还没达到最优的规模效益,仍然有很大的改进空间。具体来看,2012—2013 年间,规模效率下降了 0.2 个百分点,说明 20 家煤矿企业的大数据规模并不高,煤矿企业并没有重视大数据对安全管理规模的影响。到了 2015 年,煤矿企业规模效率出现快速增长,共上升了 7.8 个百分点,达到了六年之中的最高点。说明大数据技术的作用在安全管理规模上的作用明显。但是到 2017 年后又开始一定程度的回落,下降了 2.4 个百分点。这说明大数据对煤矿企业规模效益影响开始变小,企业在实施大数据管理过程中存在问题。因此,煤矿企业应有针对性的找出当前煤矿安全管理规模效率存在的漏洞。

安全规模效益的变化有助于企业了解当前企业安全的发展情况,判断企业安全管理所处的状态,以及大数据技术对安全管理规模效益的影响趋势。安全规模效益可以划分为三种状态,分别为:规模效益递增、规模效益不变和规模效益递减。规模效益递增指的是增加一定比例的安全要素后,若安全产出效益增加的幅度大于全要素增加的幅度,那么可以称之为企业安全规模效益递增;若安全产出效益增加的幅度与全要素增长幅度相同,称

之为规模效益不变；若安全产出效益增加的幅度小于全要素增加的幅度，那么可以称之为企业安全规模效益递减。

煤矿企业安全管理规模效益的变化受到安全投入、培训规模、隐患数量等因素影响。当企业安全投入转化率高、培训效果好，隐患排查率高的时候，企业的规模效益会出现一定幅度的增长，反之亦然。规模效益递增说明当前煤矿企业的安全管理仍处于快速发展时期，规模效益递减说明当前煤矿安全管理方式需要改变。因此，通过对安全规模效益状态的统计可以找出企业目前所需要改进的地方，具体结果如图 5-3 所示。

从图 5-3 中可以看出，只有 2012 年和 2017 年的规模收益递增的企业数量大于规模收益递减的企业数量。说明这段时间 20 家煤矿企业的总体表现出安全发展趋势。2013—2016 年间，部分效益递增企业变成了效益递减企业，说明安全管理规模增长缓慢，需要采取措施刺激企业安全管理方式的改变。总体趋势来看，煤矿企业规模效益递增的企业数量呈现出波动状态，这也是当前中国煤矿企业重特大事故频繁发生的主要因素。此外，安全规模效益不变的企业对目前的煤矿安全管理并非是一种好事。因为，当前中国的煤矿安全管理水平与国外的差距比较大，虽然有部分的煤矿的管理水平很高，但总体偏低。只有扩大当前煤矿安全规模收益才能促使安全水平的不断提高。

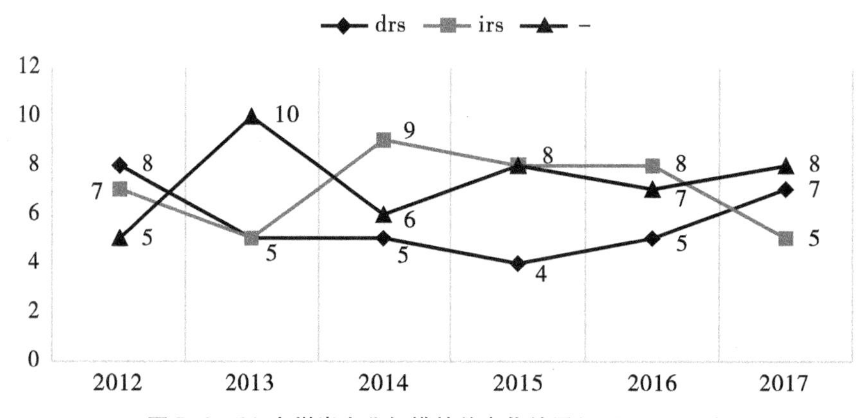

图 5-3　20 家煤炭企业规模效益变化结果(2012—2017)

5.3.4 基于 DEA-Malmquist 煤矿安全管理效率动态评价与分析

通过利用 DEA-BBC 模型对煤矿安全管理效率进行评估，可以计算出不同年份的煤矿安全管理效率、技术效率和规律效率的平均值。这也为煤矿企业进行安全决策提供一定的依据。然而 BBC 模型属于静态模型，仅是针对单一年份的煤矿企业安全管理效率进行横向评估，并没有从时间序列层面，纵向比较安全管理效率的变化趋势。这样就无法从时间上判断单一煤矿近几年的安全管理是否处于进步阶段还是退步阶段。因此，本章尝试利用 DEA 模型中的 Malmquist 指数来解释煤矿安全管理进步变化状态，找出当前阻碍煤矿安全管理效率提升的主要原因，为后续的政策和建议的提出提供依据。

Malmquist 指数最早是 Malmquist 在 1953 年提出的一种经济学方法，而后 Caves 等人进行改进，并将该方法应用到企业生产效率评估中。Malmquist 指数主要包含 5 个指标，分别为技术效率变化（EFFch）、技术进步率变化（TECHch）、纯技术效率变化（PEch）、规模效率变化（SEch）和全要素生产率变化（TFPch）。本书采用 DEAP 2.1 软件对 20 家煤矿企业的面板数据进行分析，得出上述 5 个指标的具体数值，并从总体概况和年均动态变化状况进行具体分析。

（1）煤矿安全效率动态变化总体分析

利用 DEA 的 Malmquist 指数对 2012—2017 年间煤矿企业安全效率动态变化指数进行计算，得到的结果见表 5-7。

表 5-7　2012—2017 年的煤炭企业安全效率动态变化指数

公司	技术效率 EFFch	技术进步率 TECHch	纯技术效率 PEch	规模效率 SEch	全要素生产率 TFPch
杨柳煤业	0.947	0.947	0.947	1.000	0.897
朱仙庄煤矿	1.384	1.384	1.093	1.266	1.915
月亮田矿	0.816	1.219	0.845	0.966	0.995
山脚树煤矿	0.891	0.891	0.940	0.948	0.794
孟津煤矿	1.136	1.136	1.001	1.135	1.291
新安煤矿	1.000	1.000	1.000	1.000	1.000

续表 5-7

公司	技术效率 EFFch	技术进步率 TECHch	纯技术效率 PEch	规模效率 SEch	全要素生产率 TFPch
白茂沟煤矿	0.840	0.935	0.893	0.941	0.786
王洼煤矿	0.913	0.912	0.936	0.975	0.832
郭二庄煤矿	0.734	0.934	0.852	0.862	0.686
邢东矿	1.010	1.210	1.007	1.003	1.222
忻州窑矿	1.011	1.211	1.011	1.000	1.224
马兰矿	0.764	1.090	0.756	1.010	0.832
硫磺沟煤矿	1.025	1.424	0.910	1.126	1.459
2130 煤矿	0.936	0.936	0.942	0.994	0.876
平沟煤矿	0.681	0.846	0.812	0.839	0.576
六家煤矿	1.004	1.105	0.897	1.119	1.109
桑树坪煤矿	0.984	1.142	0.769	1.279	1.123
白鹭煤矿	0.800	1.000	0.800	1.000	0.800
王楼煤矿	1.137	1.137	1.010	1.126	1.293
柴里煤矿	1.171	1.270	1.037	1.129	1.487
平均值	0.959	1.086	0.923	1.036	1.060

从表 5-7 可以看出,在 2012—2017 年间,20 家煤矿企业的平均全要素生产率为 1.06,大于 1,说明这 20 家煤矿企业的安全管理效率处于进步阶段,进步的幅度为 6 个百分点。技术进步效率变化指数为 1.086,共增长了 8.6 个百分点,说明 2017 年相比于 2012 年总体技术进步效率出现了明显提升。从具体的技术进步指数企业数量来看,共有 13 家煤矿企业技术进步指数大于 1,占到总样本数量的 65%。最高的为新疆的硫磺沟煤矿,技术进步指数为 1.424,说明企业的安全技术处于高速发展阶段。最低的是内蒙古的平沟煤矿,技术指数进步指数为 0.846,说明企业安全发展逐步呈现出下降态势,这也与当前平沟煤矿五十多年的生产运行实际情况相符,已处于安全发展末期。

煤矿安全技术效率指数平均值为 0.959 小于 1,说明技术效率仍然有提升空间。由于技术效率变化值是受到纯技术效率变化指数和规模效率变化指数的影响。因此，可以从这两个方面对煤矿安全技术效率统筹考虑，来提升安全技术管理水平。然而，这 20 家煤矿企业的规模效率进步平均值为 1.036>1，说明技术效率的变化主要是来自于纯技术效率带来的影响。虽然，煤矿企业安全规模效益出现了一定程度的进步，但规模效益增长不明显，仅有 3.6 个百分点，远没有抵消纯技术效率退步带来的整体技术效率下降的影响。从具体的技术效率变化指数企业数量来看，有 9 家煤矿的技术效率指数大于 1，等于 1 的有一家，而小于 1 的煤矿企业数量为 10 家，占比 50%。技术效率最高的为安徽省的朱仙庄煤矿，数值为 1.384。技术效率最低的为河北省的郭二庄煤矿，数值为 0.734。郭二庄煤矿的前身为私营小煤窑，虽然经历了多次技术改造，但整体的技术效率变化有待改进。

纯技术效率代表的大数据技术以及安全管理等因素影响的生产效率，从表 5-8 可以看出，2017 年相比较于 2012 年下降了 7.7 个百分点，说明当前煤矿企业的纯技术效率处于退步阶段，这也是当前煤矿企业综合技术效率变化下降的主要原因。纯技术效率进步最大的企业为朱仙庄煤矿。最小的为马兰煤矿，仅有 0.756。而小于 1 的煤矿企业为 13 家，这些煤矿企业应加速大数据在煤矿安全中的应用，提升企业的纯技术效率。

(2) **年均安全效率动态变化结果**

利用 DEAP2.1 还可以对 2012—2017 年间的煤矿安全管理效率动态变化状况进行分解，观察相邻年份之间全要素生产率变化、技术效率变化、技术进步变化、纯技术效率变化以及规模效率变化的情况，具体见表 5-8。

表 5-8　2012—2017 年煤矿安全管理效率变动及年均分解表

年份	技术效率 EFFch	技术效率变化 (%)	技术进步率 TECHch	技术进步变化 (%)	纯技术效率 PEch	纯技术效率变化 (%)	规模效率 SEch	规模效率变化 (%)	全要素生产率 TFPch	全要素生产率变化 (%)
2012—2013	0.952	-4.800	0.841	-15.900	0.958	-4.200	0.994	-0.626	0.801	-19.937
2013—2014	0.854	-14.600	1.286	28.600	0.915	-8.500	0.933	-6.667	1.098	9.824
2014—2015	1.015	1.500	1.354	35.400	1.036	3.600	0.980	-2.027	1.374	37.431
2015—2016	0.928	-7.200	0.975	-2.500	1.017	1.700	0.912	-8.751	0.905	-9.520
2016—2017	0.849	-15.100	1.021	2.100	0.965	-3.500	0.880	-12.021	0.867	-13.317
平均值	0.920	-8.040	1.095	9.540	0.978	-2.180	0.940	-6.018	1.009	0.896

在煤矿安全管理效率数据运算过程中,以所选数据初始年份(2012 年)作为基值进行运算。从表 5-8 中可以看出各个年间的效率变化情况。从 5 个年份区间的均值来看,全要素生产率增长状况为 0.896%,主要的增长年份区间最明显的来源于 2014—2015 年间。技术效率变化减少幅度为 8.04%,其中减少年份区间最明显的为 2016—2017 年。技术进步变化增长状况为 9.54%,主要的增长年份区间最明显的来源于 2014—2015 年间。纯技术效率变化减少幅度为 2.18%,其中减少年份区间最明显的为 2013—2014 年。规模效率变化平均值为-6.018%,减少幅度最大的年份为 2016—2017 年。具体从各个时间段进行分析。

在 2012—2013 年间,煤矿企业的全要素生产率变化呈现出下降趋势,跌幅达到了 19.937%。这说明当前煤矿整体安全管理效率偏差,无论是在技术效率变化、纯技术效率变化还是在技术进步变化和规模效率变化都呈现出下跌趋势,其中最为明显的是技术进步变化,下降幅度达到了 15.9%,这说明该段时间煤矿企业的安全管理正处于调整阶段,急需引入新的管理方法和理念来提升当前煤矿安全管理水平。

在 2013—2014 年间,煤矿企业出现了明显的调整,大数据技术也逐渐在这些煤矿企业中进行应用,因此企业的技术变化指数较上一年提升了近 29 个百分点。企业的全要素生产率变化也出现一定程度的正增长,增长幅度为 9.8 个百分点。但受限于企业规模效益和纯技术效率变化下降趋势的影响,20 家煤矿企业的技术效率变化是处于负增长状况,降幅为 14.6%。

在 2014—2015 年间,20 家煤矿企业的全要素生产率变化快速增长,增幅达到 37.43%。这得益于煤矿企业对技术进步的高度重视,使得技术进步变化增长幅度加大,达到了 35.4%。同时,企业的技术效率变化也出现了首次正向增长,这也间接证明了大数据技术在企业的技术效率变化初期有着明显的作用。此外,规模效率变化下降幅度也在缩小,由上一年度的 6.667% 降至 2.027%。

在 2015—2016 年间,20 家煤矿企业的全要素生产率变化出现一定程度的下降,降幅达到 9.52%。主要原因仍然在于技术进步变化的下降。同时,煤矿企业的技术效率变化和规模效益变化也出现小幅下降现象。上一年间,技术进步的大幅增长带来 2015 年煤矿安全管理效率水平的大步增长。但技术进步幅度过大,会导致煤矿企业盲目的依赖新技术和方法,从而忽视一些安全细节和安全规模效益。

在2016—2017年间，这种负面作用更加明显，导致20家煤矿企业的全要素生产率变化出现较大程度的下降，降幅达到13.3%。虽然煤矿企业已经意识到技术进步对煤矿安全全要素生产率变化影响，也尝试提升煤矿技术进步增长水平，使得煤矿技术进步变化出现小幅增长，增幅为2.1个百分点。但技术效率变化、纯技术效率变化和规模效益变化的全部下降，使得单纯的技术进步已经不能弥补上一年度带来的影响。

通过对煤矿安全管理效率动态变化指数的总体和分时段分析，发现20家煤矿企业对技术进步改善存在一定的盲目性。煤矿企业的全要素生产率受到技术进步变化和技术效率变化两个方面的影响，单纯的改进技术进步也许在短期内会提升煤矿安全管理效率，但若不考虑企业的纯技术效率变化和规模效益变化，就很难保持煤矿企业的全要素生产率的长久增长，实现煤矿安全管理的长效机制。因此，为了更加清晰地展示20家煤矿企业6年间的动态变化趋势，利用折线图进行展示，如图5-4所示。

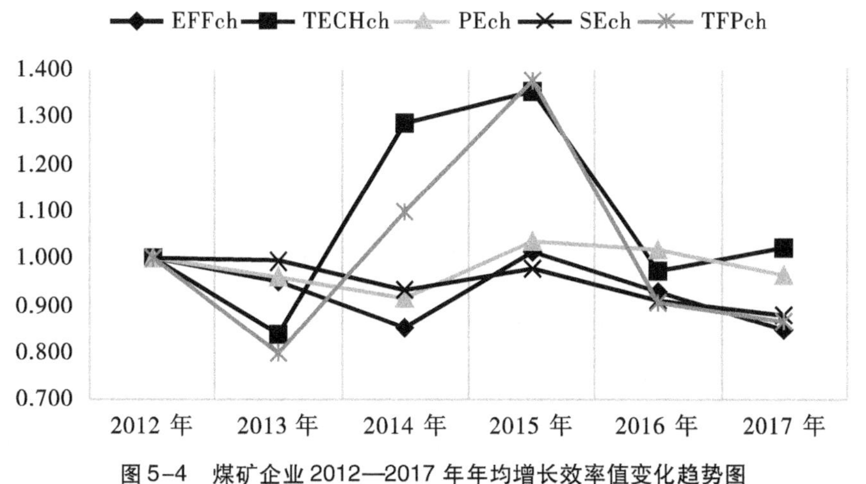

图5-4 煤矿企业2012—2017年年均增长效率值变化趋势图

从图5-4中可以看出，2012—2017年间，煤矿安全管理全要素效率变化和技术进步指数变化波动幅度较大，煤矿安全技术效率变化、纯技术效率变化以及规模效益变化波动幅度较少。其中煤矿安全管理全要素效率变化和技术进步指数变化都呈现出先下降、后上升、在下降的趋势。由于选取时间年限的限制，导致变化趋势不够清晰。但总体上可以看出，技术进步变化对煤矿安全管理效率总体水平有着正相关作用。因此，煤矿企业要想提高煤

矿安全管理全要素效率变化值，应适当引入新的安全管理技术和方法提升安全管理水平。但2017年的变化出现一定的相反作用，说明技术效率变化的作用已经影响到技术进步变化对煤矿安全管理效率值的作用趋势。

在2012—2017年间，20家煤矿企业的技术效率变化呈现出下降—上升—下降的趋势。其中仅有2014—2015年间实现了煤矿技术效率变化的正向增长。当技术效率变化和技术进步变化都呈现出上升趋势的时候，煤矿安全管理全要素效率变化也呈现出较大程度的增长。因此，对于煤矿企业管理者来说，在提高煤矿技术进步效率的同时，还应考虑到企业的综合技术效率变化。这样才能保证煤矿企业安全管理效率长久持续的进步

5.3.5 基于BP神经网络的煤矿安全管理效率预测

由于DEA对煤矿安全管理效率的评价属于后评价的范畴，很难对煤矿安全管理效率的发展趋势进行预测。因此，为得到20家煤矿安全管理效率评价的预测值，在此利用BP神经网络对中国煤矿安全管理效率进行预测。本书选取2016年投入产出指标作为训练数据，2017年的投入产出指标作为检验数据。具体的操作流程如下：

（1）DEA**分析结果编码**

首先对煤矿安全管理效率DEA评估结果进行分类，共划分为四类：DEA有效、投入冗余、投入和产出均非最优四种情况（表5-9）。DEA综合有效说明煤矿企业的投入和产出处于最佳匹配状态，没有投入冗余和产出不足的现象存在，这时的综合效率指数为1。投入冗余说明在一定的产出结果下，企业存在浪费了安全投入现象，导致这些安全投入并没有达到目标转化输出，此时的综合效率指数处在[0,1]之间。产出不足说明在相同的投入情况下，产出的结果小于目前产出结果，此时的综合效率指数处在[0,1]之间。投入产出均非最优化指的是安全投入和安全产出同时没有达到目标值，造成安全管理效率值偏低，此时的综合效率指数仍处在[0,1]之间。将这四种煤矿安全效率结果进行编码，并利用DEA模型进行预测。

表 5-9　DEA 结果的二进制编码

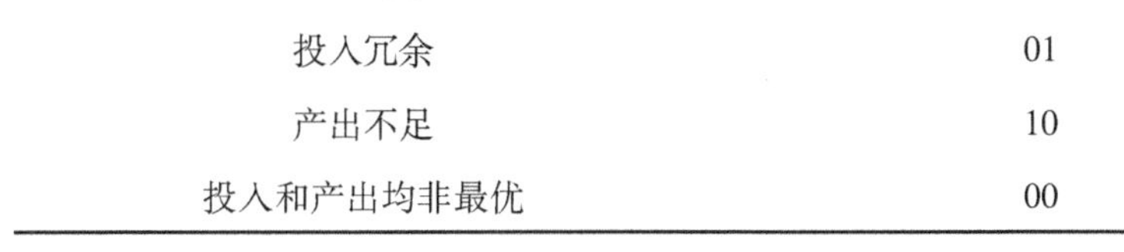

DEA 结果	二进制编码
DEA 有效	11
投入冗余	01
产出不足	10
投入和产出均非最优	00

(2)神经网络训练样本归一化

由于 DEA 模型对输入指标数量限制,存在一些影响因素并能被纳入煤矿安全管理效率测算中。而 BP 神经网络对输入和输出指标没有限制。基于上述优点,将新增输入指标数量来提高后续预测的准确性。新增煤矿安全管理效率投入指标见表 5-10。

表 5-10　新增煤矿安全管理效率评估输入指标

新增输入指标	X5	管理者数量
	X6	高中以上学历人数
	X7	考核次数

根据公式 5-1,采用极大极小标准化方法对 2016 年煤矿安全管理输入指标和补充指标进行归一化处理作为训练样本。然后将 2017 年煤矿安全管理输入指标和补充指标进行归一化处理作为测试数据带入 BP 神经网络进行检验。具体数据见表 5-11 和表 5-12。

表 5-11　2016 年指标体系归一化数据

DMU	X1	X2	X3	X4	X5	X6	X7
杨柳煤业	0.23	0.41	0.62	0.70	0.42	0.47	0.59
朱仙庄煤矿	0.00	0.88	0.38	0.30	0.00	0.66	0.49
月亮田矿	0.01	0.53	0.75	0.35	0.08	0.45	0.85
山脚树煤矿	0.04	0.82	0.59	0.22	0.13	0.68	0.67
孟津煤矿	0.07	0.35	0.27	0.54	0.23	0.32	0.01
新安煤矿	0.14	0.41	0.30	0.82	0.28	0.24	0.31

续表 5-11

DMU	X1	X2	X3	X4	X5	X6	X7
白芨沟煤矿	0.11	0.26	0.54	0.21	0.37	0.34	0.72
王洼煤矿	0.09	0.79	0.78	0.03	0.06	0.68	0.67
郭二庄煤矿	1.00	0.29	0.64	1.00	1.00	0.32	0.89
邢东矿	0.28	1.00	1.00	0.47	0.25	1.00	1.00
忻州窑矿	0.87	0.15	0.16	0.73	0.92	0.18	0.34
马兰矿	0.46	0.03	0.11	0.23	0.38	0.13	0.36
硫磺沟煤矿	0.26	0.44	0.60	0.60	0.36	0.26	0.59
2130 煤矿	0.00	0.00	0.38	0.22	0.16	0.08	0.63
平沟煤矿	0.24	0.32	0.59	0.42	0.39	0.24	0.73
六家煤矿	0.41	0.24	0.66	0.29	0.61	0.13	0.39
桑树坪煤矿	0.17	0.47	0.23	0.34	0.36	0.53	0.09
白鹭煤矿	0.03	0.68	0.00	0.05	0.15	0.58	0.00
王楼煤矿	0.27	0.32	0.31	0.02	0.26	0.18	0.28
柴里煤矿	0.28	0.00	0.40	0.00	0.19	0.00	0.50

表 5-12　2017 年指标体系归一化数据

DMU	X1	X2	X3	X4	X5	X6	X7
杨柳煤业	0.28	0.29	0.63	0.73	0.34	0.46	0.76
朱仙庄煤矿	0.01	0.63	0.56	0.30	0.00	0.65	0.53
月亮田矿	0.00	0.32	0.84	0.35	0.03	0.68	0.78
山脚树煤矿	0.08	0.61	0.62	0.24	0.04	0.65	0.67
孟津煤矿	0.09	0.34	0.38	0.53	0.16	0.46	0.13
新安煤矿	0.11	0.15	0.43	0.83	0.17	0.38	0.48
白芨沟煤矿	0.10	0.24	0.53	0.21	0.25	0.51	0.75
王洼煤矿	0.10	0.49	0.84	0.06	0.04	0.84	0.78
郭二庄煤矿	0.92	0.34	0.70	1.00	0.68	0.46	1.00
邢东矿	0.26	1.00	1.00	0.47	0.16	1.00	0.93
忻州窑矿	1.00	0.22	0.21	0.74	1.00	0.46	0.33
马兰矿	0.53	0.20	0.19	0.24	0.50	0.41	0.27

续表 5-12

DMU	X1	X2	X3	X4	X5	X6	X7
硫磺沟煤矿	0.33	0.27	0.64	0.60	0.33	0.24	0.49
2130 煤矿	0.03	0.00	0.44	0.22	0.12	0.00	0.62
平沟煤矿	0.20	0.12	0.53	0.43	0.23	0.35	0.66
六家煤矿	0.47	0.20	0.59	0.30	0.54	0.38	0.59
桑树坪煤矿	0.16	0.39	0.32	0.36	0.13	0.65	0.29
白鹭煤矿	0.05	0.39	0.00	0.06	0.08	0.73	0.00
王楼煤矿	0.27	0.07	0.46	0.02	0.26	0.35	0.28
柴里煤矿	0.22	0.07	0.44	0.00	0.18	0.05	0.56

(3)BP 神经网络参数的设定

由于煤矿安全管理效率评估模型的输入输出指标并不复杂,因此首先采用3层BP神经网络进行分析,及包含一个输入层,一个输出层和一个隐层。输入指标共有7个,分别为X1,X2,X3,X4,X5,X6,X7,因此将神经网络的输入节点设置为7个。输出指标共有4个,分别为DEA有效(11)、投入冗余(01)、产出不足(10)和投入和产出均非最优(00)。因此,输出层节点数设为4个。隐层节点数依据公式5-3进行计算,得到隐层节点的区间为4~13个,本书取中间值,选取8个隐层节点进行计算。

(4)BP 神经网络运算

利用MATLAB(2016a)软件中BP神经网络工具箱对上述数据进行分析,发现当神经网络训练到第22步时达到最优预测精度要求(图5-5)。然后,带入2017年的煤矿安全管理效率输入指标数据进行运算,检验模型的可靠性。具体结果见表5-13。

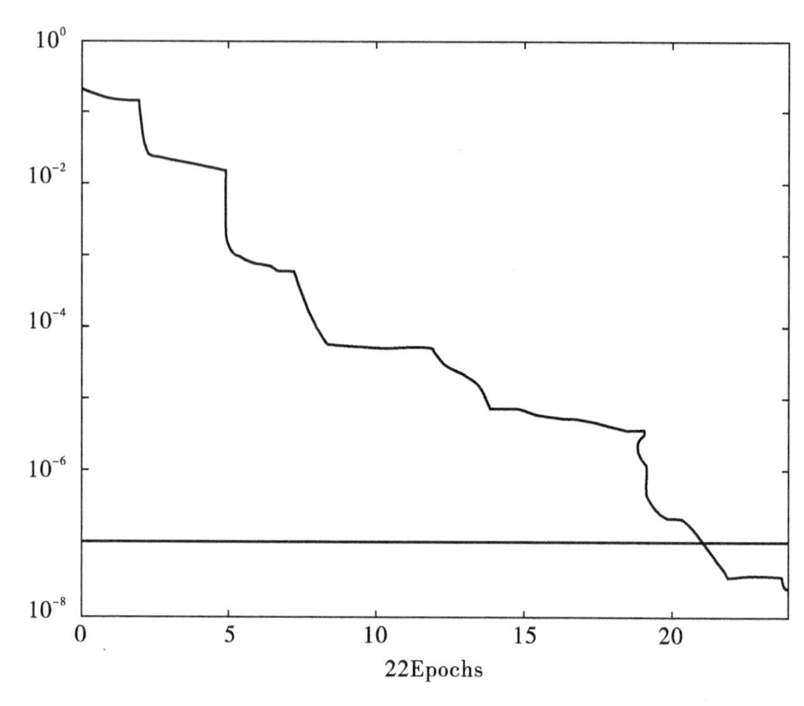

图 5-5 BP 神经网络训练结果

表 5-13 2016 年煤矿安全管理效率神经网络预测结果

DMU	实际输出结果	未引入新指标预测结果	准确性	引入新指标预测输出结果	准确性
杨柳煤业	01	01	√	01	√
朱仙庄煤矿	10	10	√	10	√
月亮田矿	11	11	√	11	√
山脚树煤矿	01	01	×	01	×
孟津煤矿	10	10	√	10	√
新安煤矿	11	11	√	11	√
白芨沟煤矿	00	01	×	00	√
王洼煤矿	00	10	×	10	×
邢东煤矿	11	11	√	11	√
郭二庄煤矿	00	00	√	00	√
忻州窑矿	10	10	√	10	√

续表 5-13

DMU	实际输出结果	未引入新指标预测结果	准确性	引入新指标预测输出结果	准确性
马兰矿	01	00	×	01	√
硫磺沟煤矿	00	00	√	00	√
2130 煤矿	11	11	√	11	√
平沟煤矿	01	01	√	01	√
六家煤矿	00	01	×	01	×
桑树坪煤矿	00	00	√	00	√
白鹭煤矿	11	11	√	11	√
王楼煤矿	01	01	√	01	√
柴里煤矿	10	10	√	10	√

从预测结果来看,未引入新的输入指标的 BP 神经网络预测准确率为 75%,有五个煤矿企业的预测结果出现错误。新引入输入指标的 BP 神经网络预测准确率为 85%,仅有 3 个煤矿企业的预测结果出现偏差。说明增加 BP 神经网络的输入指标能够有效提升当前煤矿安全管理效率评估模型的精确度。

5.4 综合评价结果分析

将 2017 年 20 家煤矿企业的输入指标及补充指标数据带入到训练好的网络中,得到其结果与 DEA 评价结果,见表 5-14。

表 5-14 2017 年煤矿安全管理效率神经网络预测结果

DMU	实际输出结果	预测输出结果	准确性	最终评价
杨柳煤业	10	10	√	产出不足
朱仙庄煤矿	11	11	√	DEA 有效
月亮田矿	01	01	√	投入冗余

续表 5-14

DMU	实际输出结果	预测输出结果	准确性	最终评价
山脚树煤矿	00	01	×	投入产出均非有效
孟津煤矿	11	11	√	DEA 有效
新安煤矿	11	11	√	DEA 有效
白芨沟煤矿	10	10	√	产出不足
王洼煤矿	01	01	√	投入冗余
邢东煤矿	10	10	√	产出不足
郭二庄煤矿	01	01	√	投入冗余
忻州窑矿	11	11	√	DEA 有效
马兰煤矿	11	11	√	DEA 有效
硫磺沟煤矿	00	00	√	投入产出均非有效
2130 煤矿	10	01	×	产出不足
平沟煤矿	10	10	√	产出不足
六家煤矿	01	01	√	投入冗余
桑树坪煤矿	00	00	√	投入产出均非有效
白鹭煤矿	11	11	√	DEA 有效
王楼煤矿	11	11	√	DEA 有效
柴里煤矿	11	11	√	DEA 有效

利用 DEA-BP 神经网络对煤矿安全管理效率进行评估,预测的结果显示共有 17 家煤矿企业安全效率预测结果与原 DEA 结果一致,准确率为 85%。20 家煤矿企业中达到安全管理最优效率的企业数量为 8 个,分别为朱仙庄煤矿、孟津煤矿、新安煤矿、忻州窑矿、马兰煤矿、白鹭煤矿、王楼煤矿和柴里煤矿。其余煤矿中产出不足的企业数量有 5 家,分别为杨柳煤业、白芨沟煤矿、邢东煤矿、2130 煤矿和平沟煤矿。投入冗余的煤矿企业数量有 4 家,分别为月亮田煤矿、王洼煤矿、郭二庄煤矿和六家煤矿。而山脚树煤矿、硫磺沟煤矿和桑树坪煤矿则存在投入冗余和产出不足的现象。

对于产出不足的 5 家煤矿,说明这些煤矿在进行煤矿安全管理时存在对事故和隐患管控不严的现象,其表现为对外产出不足,由于该区域对事故和隐患管理效率低,导致各项投入指标不能充分发挥应有的作用,因此未能实现最优效率。此外，我们还发现该5家煤矿虽然有3家煤矿在矿工的基本结构优化和安全培训方面采用了数据挖掘和信息化的方法，但5家都没有采用大数据和信息管理的手段来实现对事故和隐患的管理，导致这些煤矿在输出指标的控制略显不足。因此，为了实现煤矿安全管理的最有效配置，这些煤矿企业应加大对煤矿事故以及隐患数据的管理，找出煤矿事故和隐患之间存在的强关联规则，利用这些规则来提高煤矿隐患排查率和减少事故伤亡人数。

4家煤矿企业存在投入冗余问题，说明这些煤矿企业虽然增加了安全投入，但对输入指标的控制却不尽如人意。产出的提高过分依靠于投入的增加。4家煤矿中有多家煤矿来自于贵州、云南、宁夏等省份，受到自然条件和内部管理水平的各种条件限制，产出水平很难上升一个新的台阶，投入的各项指标存在不同程度的浪费，并没有充分发挥其作用。因此，在煤矿安全管理中，这些煤矿企业应把重点放在人员结构和安全投入效率上面，适当减少投入增加规模效益上。同时，还应利用数据管理和大数据技术，优化矿工人员结构，提高安全投入效率，从而减少浪费来达到提高煤矿安全管理效率的目的。

山脚树煤矿、硫磺沟煤矿和桑树坪煤矿的投入产出均非最优，这说明实际产出水平与理论上的最优水平尚存差距，也说明这3家煤矿存在高成本、安全保障程度低的问题。山脚树煤矿位于贵州省，井下作业条件复杂，人员素质不高。对新的安全管理模式接受度较差。硫磺沟煤矿地质条件复杂，受井田自然灾害威胁且矿井处在入不敷出的状况，因此导致该煤矿安全投入和产出不足。虽然目前该矿在更换领导班子后，生产和安全情况得到明显好转，但目前努力的空间仍然很大。桑树坪煤矿在2017年12掘进二队3109工作面发生一起较大火灾事故，造成3人死亡和12人受伤，以及1395万元的经济损失。事故发生后，造成该矿停顿整治。企业的安全管理效率也由2015年的DEA有效，下降到2016年的产出不足，再到2017年的投入产出指标上均未达到最优水平。

在2017年达到安全管理有效的煤矿企业共有8家，分别为朱仙庄煤矿、孟津煤矿、新安煤矿、忻州窑矿、马兰煤矿、白鹭煤矿、王楼煤矿和柴里煤矿。相比于2016年，新增的DEA有效的煤矿企业分别为忻州窑矿和马兰矿。这两个煤矿都位于山西省，这与山西省2015年开始实施煤矿安全风险预控管理体系有着密切联系。风险预控管理系统的实施保证两矿在危险源和隐患

辨识、评估和控制的效果。并且忻州窑矿和马兰矿引入 VR 技术和安全培训管理移动客户端对安全培训效果进行提升。大数据和信息化的使用使得两个煤矿的安全管理效率得到提升,并在 2018 年被煤矿安全监察总局认定为第五批一级安全生产标准化煤矿。因此,我们可以看出大数据和信息化能够有效的提高煤矿企业的安全管理水平。

其他 7 家安全管理有效的煤矿企业主要分布在安徽、河南、山东等省份,这些省份都是具有较长历史的产煤大省。无论是在地质环境还是在安全管理水平都要优于其他省份。并且这些省份的煤矿企业非常重视引入数据管理和信息化的手段来提升煤矿安全管理水平。例如,山东省的柴里煤矿和王楼煤矿为不断提升职工安全培训效果,该矿积极创新培训方式,利用微信建立“e 课堂”培训小程序,开设了自测练习、资料学习、每日一题等学习板块,分专业、分工种向全矿干部职工“精准滴灌式”推送理论知识、应知应会内容,让大家利用“碎片化”时间,开展见缝插针式学习,提升干部职工综合素质。安徽省淮北矿业集团的朱仙庄煤矿和孟津煤矿开始着手构建大数据安全管理中心,实现信息化建设步入快车道,云端大数据开启智能化矿山新模式。在 2017 年,通过建设企业服务总线,构建了跨部门、跨平台不同应用系统、不同数据库的信息化应用系统集成平台。实现了集团公司业务系统间的横向集成,消除因不同安全系统数据不通导致的信息孤岛问题。

6 大数据背景下的煤矿安全管理效率仿真优化

前一章利用 DEA-BP 神经网络方法对煤矿安全管理的效率进行了静态和动态分析,并验证了第四章中数据挖掘方法对煤矿安全管理效率的总体影响作用。然而,该部分内容仅是针对于多个煤矿的相对效率评测。面对单一煤矿的效率评估就显得力不从心。因此,为了得到大数据技术对中国煤矿安全管理效率评价的影响,本章利用系统动力学模型(SD)对大数据背景下中国煤矿安全管理效率进行仿真,并以大数据影响系数作为调节变量进行影响系数灵敏度分析,从而有针对性地提出提升煤矿安全管理效率的政策和建议。

6.1 煤矿安全管理效率系统边界的确定

系统动力学(system dynamics,SD)提出的目的在于综合系统论、信息论、决策论和控制论等理论成果,以计算机为主要使用工具,来分析社会信息反馈系统的结构和行为,从而实现对社会系统的仿真。通过系统仿真,可以将一个完整的复杂系统分解为若干个子系统,从而简化系统的复杂度。利用系统动力学来分析大数据背景下煤矿安全管理效率之前,首先要明确煤矿安全管理效率系统的边界问题。

煤矿安全管理效率系统受到众多因素的影响。因此在构建煤矿安全管理效率系统时很难将所有因素都考虑进去,这就要求舍去一些影响作用较小的因素,或者针对某些特定研究范围进行影响因素选取。本书将煤矿安全管理效率系统边界界定为煤矿企业内部的安全管理效率,并不涉及外部

监管、应急管理等要素的影响。本书将煤矿安全管理效率大系统划分为四个子系统,分别为:员工安全管理子系统、隐患管理子系统、安全管理投入子系统和事故管理子系统。具体的研究内容如下:

(1)员工安全管理子系统

员工安全管理子系统是指煤矿企业管理者采用培训、考核、惩罚以及激励等手段对煤矿工人的安全意识、安全氛围、安全经验等与煤矿事故安全有关的信息进行管理的过程。在煤矿安全管理系统中,对于矿工的管理往往是最复杂的,因为人是最难进行精确管控的因素,也是煤矿事故发生的主要因素。在煤矿企业中,文化程度低、安全意识差已成为当前矿工的主要标签。一方面,煤矿井下环境恶劣,长期呆在井下会对人的生理和心理产生不良影响。另一方面,煤矿工人薪酬待遇不高,作业环境风险性高也是高学历人员不愿意去的原因。多方面因素综合使得当前矿工的整体水平不如其他生产行业。

(2)隐患管理子系统

隐患管理子系统主要是针对煤矿企业中存在的矿工、设备、环境等隐患进行全面性、准确性和及时性管理的子系统。隐患是导致事故发生的直接原因,所以隐患管理是目前煤矿安全管理工作的重中之重,也是实现风险预控的基本前提。虽然很多煤矿企业从事隐患管理多年,但大多数缺乏系统性和全面性。无论是在隐患排查准确性、隐患消除及时性以及隐患等级控制上面都存在一定的不足。隐患管理的主要程序包括查找隐患—分析成因—确定隐患等级—提出关键问题—提出整改方案—实施整改—效果评估。其优点是具有很强针对性,能够对煤矿事故实现提前预控。缺点是容易存在遗漏、实时性差、从上而下缺乏现场参与、无合理分级、复杂动态风险失控等。因此要想更全面的实施隐患管理,需要与煤矿安全管理中的其他子系统相互配合,从而提升煤矿隐患管理效率。

(3)安全管理投入子系统

安全管理投入子系统指的是安全投入与安全产出之间关系的子系统,利用人、财、物力对煤矿安全状况进行保障和提升。安全管理投入的目的是为了提高企业安全投入转化效率,降低事故发生数量,以最小的投入成本换取最大的安全收益。从目前的统计来看,煤矿企业中的安全投入大多是流向对于安全技术上面的投入,而忽视了对安全管理上面的投入。主要是因为当今煤矿企业中仍然存在着“重技术,轻管理”的思想。然而,事实上80%

以上的煤矿事故往往是由于安全管理工作不到位所导致的。因此对于煤矿安全管理方面的投入力度也应该大力加强。目前煤矿安全管理投入子系统主要包括对于安全文化、安全制度以及安全管理技能方面的投入,此外还包括对矿工管理效率子系统中的矿工培训、学历和奖励等方面的安全管理投入,还包括对于安全数据子系统中安全数据知识挖掘的技能的投入等。总之,对于安全管理投入的有效分配也是提高煤矿安全管理效率不可或缺的一部分。

(4)事故管理效率子系统

事故管理效率子系统主要是包括对于事故统计、事故机理、事故致因、伤亡人数以及事故应急响应等方面的效率管理。从新中国成立初期开始,中国已经积累了大量的煤矿事故案例,对事故进行致因分析,可以避免相似事故的发生。同时由于一些煤矿企业存在瞒报和漏报的现象,导致当前煤矿事故信息不完整,从而影响煤矿事故管理效率。此外,当事故发生后,如不能及时响应应急程序,迅速的报告救援大队,可能会造成事故的进一步扩大或者死亡人数的进一步增加。因此,对于煤矿事故的管理也是提升当前煤矿安全管理效率工作的重要一环。

煤矿安全管理效率系统的基本构成如图 6-1 所示。下一步将对煤矿安全管理效率系统影响因素之间的关系进行初步的因果关系分析,找出系统中存在的正反馈和负反馈。

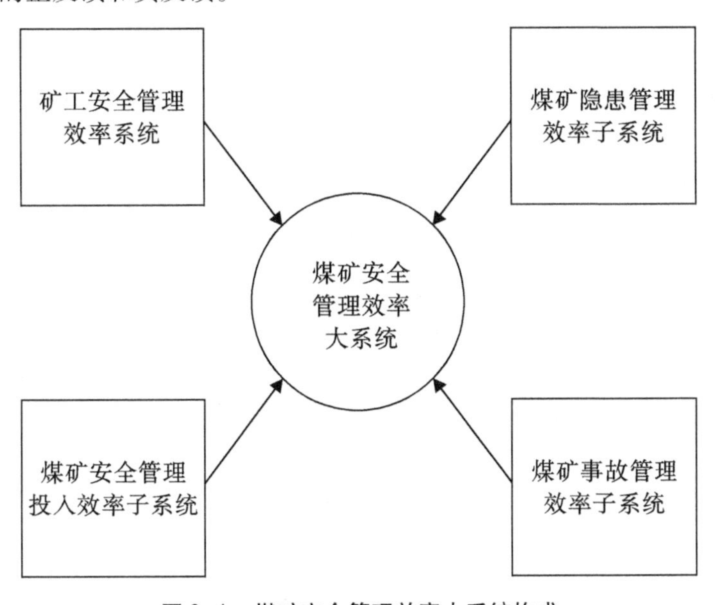

图 6-1 煤矿安全管理效率大系统构成

6.2 煤矿安全管理效率影响因素及因果关系图

6.2.1 矿工安全管理效率子系统因果关系图

矿工安全管理效率子系统影响因素如图 6-2 所示。从图中可以看出，员工安全管理的效率主要受两个方面的直接影响，一是矿工自身的安全因素，例如矿工的人数、学历、安全经验、安全意识等方面。对于这些安全因素，主要是采取安全考核、考勤、安全管理培训以及安全管理投入等手段来影响矿工自身安全管理效率。具体的路径如下：

员工人数—员工安全管理效率

员工学历—员工安全管理效率

安全管理培训—安全意识—员工安全管理效率

安全管理培训—员工安全经验—员工安全管理效率

考勤—安全意识—员工安全管理效率

安全考核—违章处罚—安全意识—员工安全管理效率

二是通过对外部安全环境的改变来影响员工安全管理效率，例如安全管理人员数量、员工有效的安全沟通、安全氛围和安全激励等，主要采取的手段包括：班前安全会议、精神激励、物质激励、以及安全标志和标语等。具体的路径如下：

安全管理人员数量—员工安全管理效率

物质激励—安全激励—员工安全管理效率

精神激励—安全激励—员工安全管理效率

安全标志和标语—安全氛围—员工安全管理效率

班前安全会—员工沟通—员工安全经验—员工安全管理效率

班前安全会—安全氛围—员工沟通—员工安全经验—员工安全管理效率

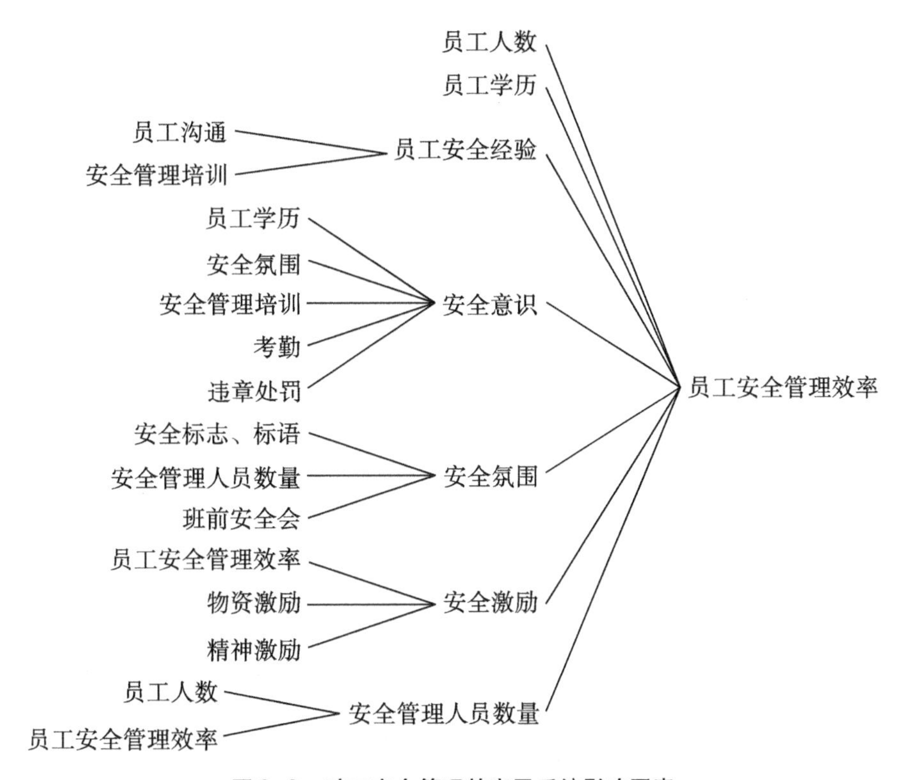

图 6-2　矿工安全管理效率子系统影响因素

矿工安全管理效率子系统因果关系图如图 6-3 所示，主要的因果关系回路共计 13 条，具体如下：

员工安全管理效率—安全管理人员数量—员工安全管理效率

员工安全管理效率—安全管理培训—员工安全经验—员工安全管理效率

员工安全管理效率—安全管理人员数量—安全氛围—员工安全管理效率

员工安全管理效率—安全管理培训—安全意识—员工安全管理效率

员工安全管理效率—物资激励—安全激励—员工安全管理效率

员工安全管理效率—安全考核—违章处罚—安全意识—员工安全管理效率

员工安全管理效率—安全考核—考勤—安全意识—员工安全管理效率

员工安全管理效率—安全管理人员数量—安全管理培训—安全意识—

员工安全管理效率

员工安全管理效率—安全管理人员数量—安全管理培训—员工安全经验—员工安全管理效率

员工安全管理效率—安全管理人员数量—安全氛围—安全意识—员工安全管理效率

员工安全管理效率—安全管理人员数量—安全氛围—员工沟通—员工安全经验—员工安全管理效率

员工安全管理效率—安全管理人员数量—安全考核—违章处罚—安全意识—员工安全管理效率

员工安全管理效率—安全管理人员数量—安全考核—考勤—安全意识员工安全管理效率

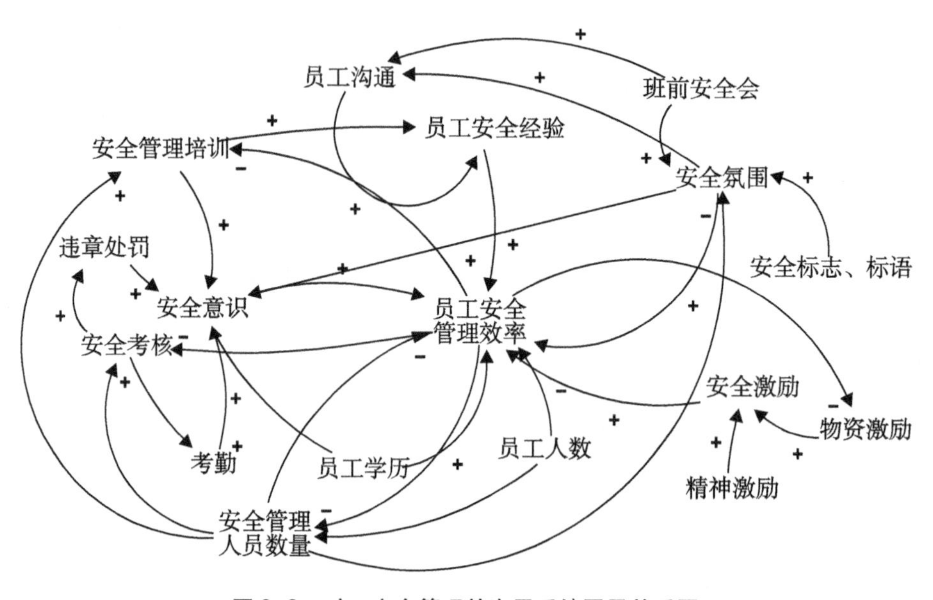

图6-3 矿工安全管理效率子系统因果关系图

6.2.2 隐患管理效率子系统因果关系图

隐患安全管理效率子系统影响因素如图 6-4 所示。从图中可以看出对于提升煤矿隐患管理效率主要从隐患数量、隐患整改时间、隐患整改率以及隐患等级四个方面进行分析。

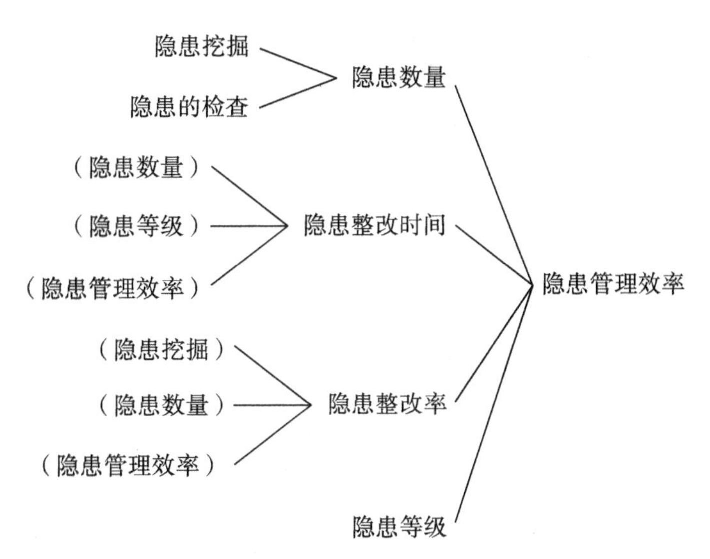

图 6-4　隐患安全管理效率子系统影响因素

隐患安全管理效率子系统因果关系如图 6-5 所示，具体的因果关系路径如下：

隐患管理效率—隐患整改时间—隐患管理效率

隐患管理效率—隐患整改率—隐患管理效率

隐患管理效率—隐患挖掘—隐患数量—隐患管理效率

隐患管理效率—隐患挖掘—隐患整改率—隐患管理效率

隐患管理效率—隐患的检查—隐患数量—隐患管理效率

隐患管理效率—隐患的检查—隐患数量—隐患整改率—隐患管理效率

隐患管理效率—隐患的检查—隐患数量—隐患整改时间—隐患管理效率

隐患管理效率—隐患挖掘—隐患数量—隐患整改率—隐患管理效率

隐患管理效率—隐患挖掘—隐患管理效率

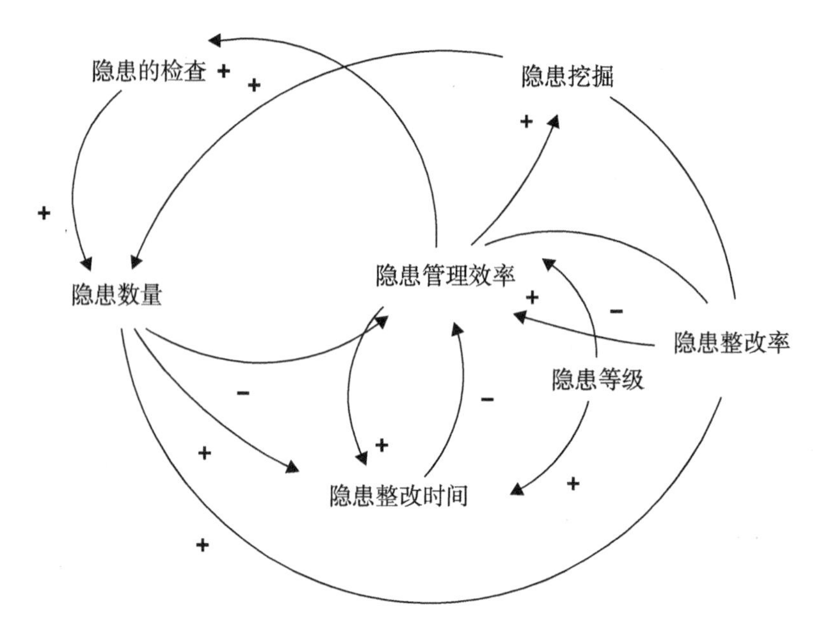

图 6-5　隐患管理效率子系统因果关系图

6.2.3　煤矿事故管理效率子系统因果关系图

煤矿事故管理效率影响因素如图 6-6 所示。从图中可以看出对于煤矿事故管理效率的分析主要从事故统计、事故致因分析、事故通报、伤亡人数、应急响应等五个方面进行分析。而事故统计以及信息的传递又受到伤亡人数和财产损失的影响，事故致因分析受到事故数据挖掘因素的影响。

具体的路径如下：

伤亡人数—事故管理效率

伤亡人数—事故统计—事故管理效率

伤亡人数—事故统计—事故致因分析—事故管理效率

伤亡人数—事故信息传递—事故管理效率

伤亡人数—事故信息传递—应急响应—事故管理效率

伤亡人数—事故通报—事故管理效率

事故数据挖掘—事故致因分析—事故管理效率

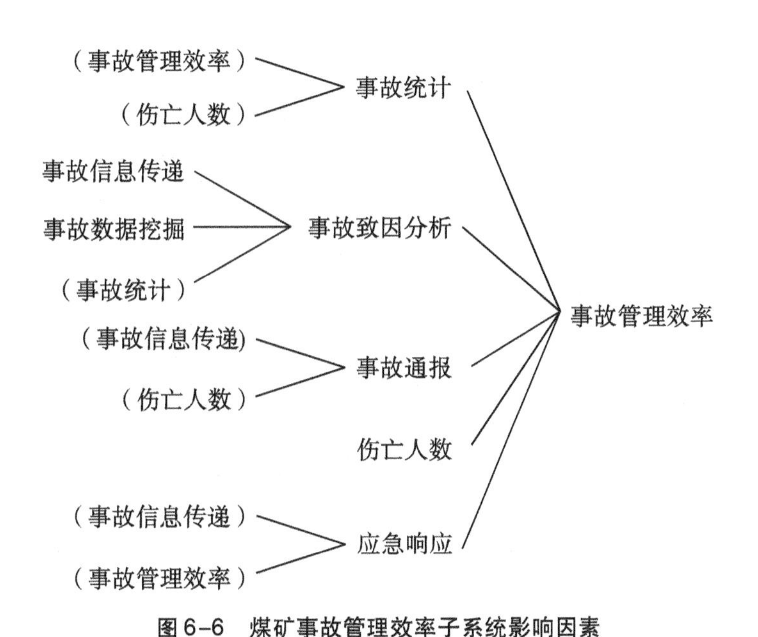

图 6-6　煤矿事故管理效率子系统影响因素

煤矿事故管理效率子系统因果关系如图 6-7 所示,具体的因果关系路径如下:

事故管理效率—应急响应—事故管理效率

事故管理效率—事故统计—事故管理效率

事故管理效率—事故统计—事故致因分析—事故管理效率

事故管理效率—事故数据挖掘—事故致因分析—事故管理效率

事故管理效率—事故信息传递—应急响应

事故管理效率—事故信息传递—事故通报

事故管理效率—事故信息传递—事故致因分析

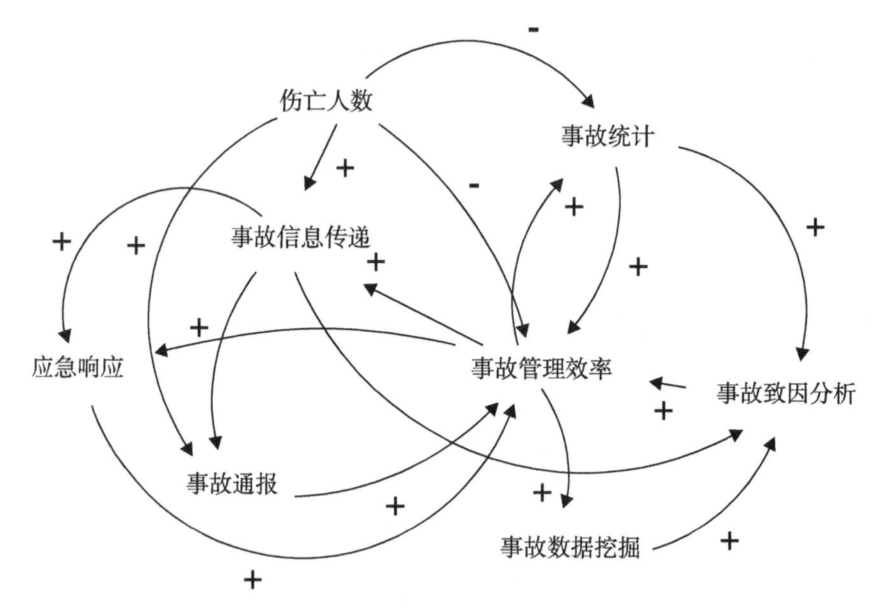

图 6-7　煤矿事故管理效率子系统因果图

6.2.4　煤矿安全管理投入子系统因果关系图

煤矿安全管理投入效率子系统的影响因素如图 6-8 所示。从图中可以看出对于煤矿安全管理投入效率的分析主要从安全管理投入合理性、安全管理投入满足率、安全管理投入转化几个方面进行分析。煤矿安全管理投入子系统主要包括对于安全文化、安全制度以及安全管理技能方面的投入，此外还包括对矿工管理效率子系统中的矿工培训、学历和奖励等方面的安全管理投入，还包括对于安全数据子系统中安全数据知识挖掘的技能的投入等。其中安全制度投入、安全文化投入以及安全管理技能投入之间的投入比例影响着煤矿安全管理投入的合理性。而安全管理投入转化率也会影响着煤矿安全管理投入满足率和安全管理投入效果。

具体的影响路径如下：

安全管理制度投入—安全管理投入合理性—安全管理投入满足率—安全管理投入效率

安全管理文化投入—安全管理投入合理性—安全管理投入满足率—安全管理投入效率

安全管理技能投入—安全管理投入合理性—安全管理投入满足率—安

全管理投入效率

安全管理投入转化—安全管理投入效率

安全管理投入转化—安全管理投入效果—安全管理投入效率

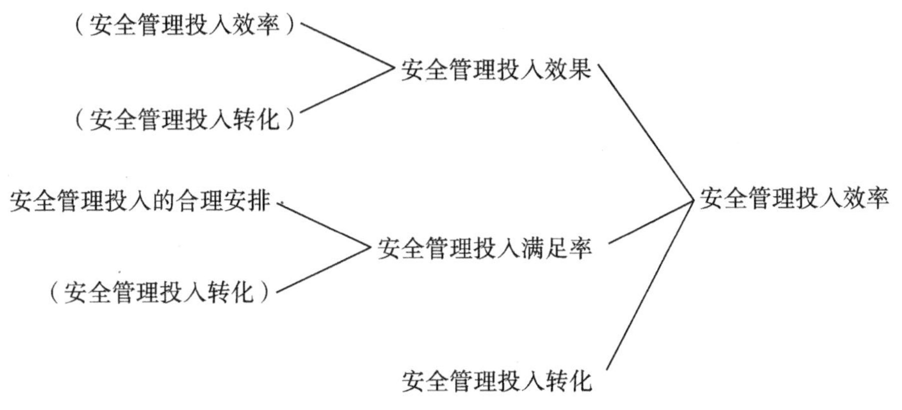

图6-8　煤矿安全管理投入效率子系统影响因素

煤矿安全管理投入效率子系统因果关系如图6-9所示,具体的因果关系路径如下:

安全管理投入效率—安全管理投入效果—安全管理投入效率

安全管理投入效率—安全管理技能投入——安全管理投入的合理安排—安全管理投入满足率—安全管理投入效率

安全管理投入效率—安全文化投入—安全管理投入的合理安排—安全管理投入满足率—安全管理投入效率

安全管理投入效率—安全制度投入—安全管理投入的合理安排—安全管理投入满足率—安全管理投入效率

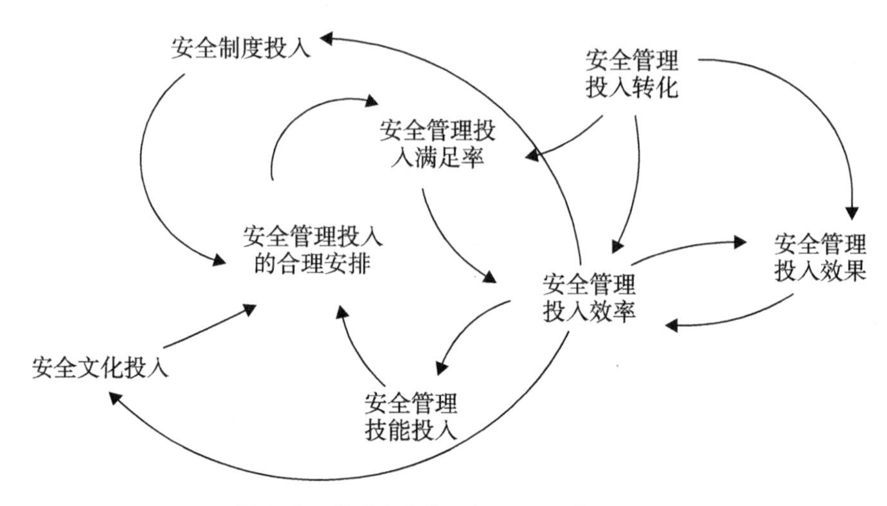

图 6-9　煤矿安全管理投入子系统因果图

6.2.5　煤矿安全数据管理效率系统因果关系图

通过将四个子系统进行有效结合，可以得到煤矿安全管理效率大系统的因果关系图，如图 6-10 所示。煤矿安全管理效率大系统受到员工安全管理效率子系统、安全管理投入效率子系统、隐患管理效率子系统和事故管理效率子系统四个子系统的影响。而各个子系统之间也存在相互关系，其中以安全管理投入子系统和员工安全管理效率子系统最为紧密。具体表现如下。

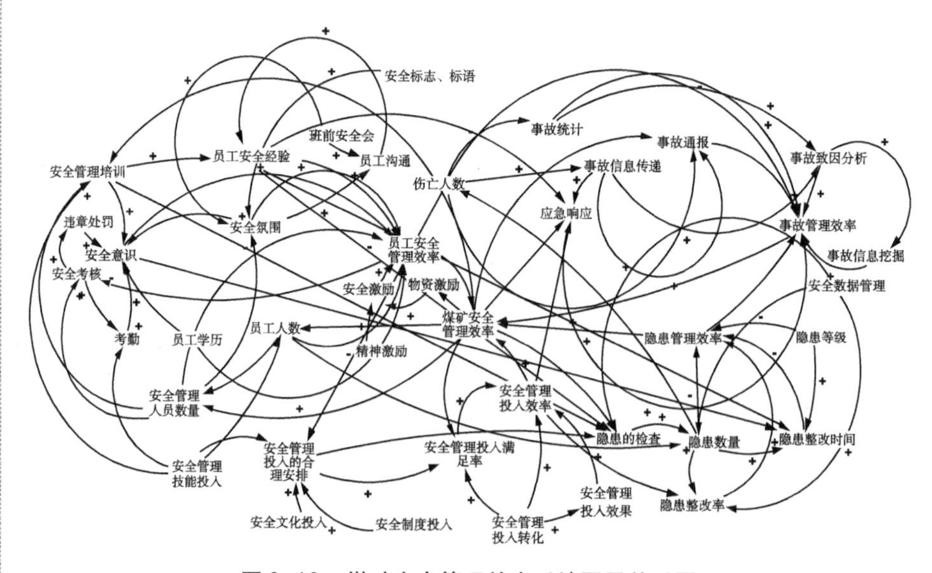

图 6-10　煤矿安全管理效率系统因果关系图

安全管理投入子系统不仅影响着煤矿安全管理效率大系统，同时还对员工安全管理效率子系统、安全数据管理子系统产生作用。具体来看安全管理投入的合理安排会影响到员工安全管理子系统中的员工人数、员工学历、安全管理培训和安全激励等因素。安全管理投入效率还会影响隐患的检查和整改时间等。

矿工安全管理效率子系统是分析煤矿安全管理效率的基础。从图中可以看出，员工安全管理效率子系统主要与安全数据管理效率子系统、隐患管理子系统和事故管理效率子系统产生关联作用。员工安全管理效率子系统中的员工的安全经验会影响安全管理数据的整理以及特征提取，同时也会影响到煤矿事故管理子系统中的数据统计以及事故致因分析；此外员工的安全意识也会对隐患管理效率子系统中的隐患数量和隐患检查产生影响。

6.2.6 大数据在煤矿安全管理效率系统应用的因果关系图

随着智慧矿山和物联网技术的发展，大数据分析为提高煤矿安全管理效率提供了一定途径和方法。传统的煤矿安全管理效率系统中并没有体现大数据对煤矿安全管理效率的影响，以及二者之间存在的相关性。本书尝试将煤矿大数据安全子系统引入到传统煤矿安全管理效率系统中，来构建基于大数据背景下煤矿安全管理效率系统因果关系图，具体如图 6-11 所示。

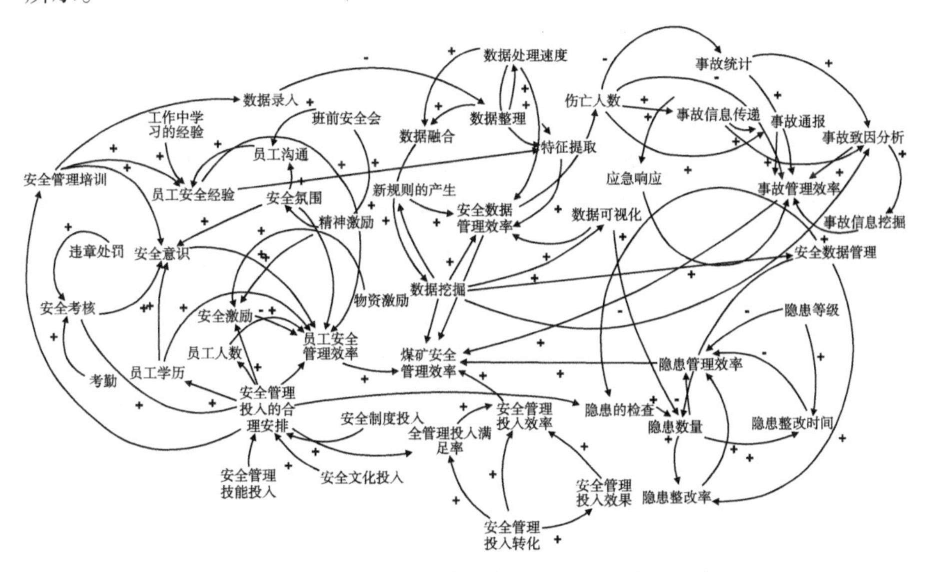

图 6-11 大数据背景下煤矿安全管理效率系统因果关系图

安全大数据管理在煤矿安全管理效率中的作用越来越重要。从图6-11中可以看出安全大数据管理不仅影响着煤矿安全管理效率大系统,同时还影响着员工安全管理子系统、隐患管理效率子系统、事故管理效率子系统和安全管理投入效率子系统。数据挖掘得到的新规则可以对煤矿的员工安全管理进行优化。例如前文中提到了利用决策树的方法来区分出那些特性人员的不安全行为水平较低,从而进行针对性的补强。员工的安全培训、安全经验以及员工学历都会影响大数据在煤矿员工安全管理的效果。在隐患管理方面,数据挖掘得到的新关联规则可以让管理者发现更多的安全隐患,并能够采取可视化的方法提升煤矿安全隐患管理效率。针对于事故管理效率子系统,通过对煤矿事故信息的挖掘,能够找出事故时间、地点、类型等因素之间的相关关系,从而能够更加准确地找出事故产生的内在原因。对于安全管理投入产生的数据进行分析,可以优化煤矿安全管理投入的分配,从而提高安全管理投入的转化率以及安全管理投入的满足率。同时,安全管理投入也会影响到大数据的实施效率,例如大数据设备投入、数据挖掘人员培训投入、数据挖掘人员配备等。

6.3 大数据背景下煤矿安全管理效率系统流图构建

6.3.1 流图的构建

因果关系图描述了影响因素之间的相互作用关系,但没有给出变量之间转化的数学模型。因此,若想对当前煤矿安全管理效率进行定量仿真,有必要构建系统流图。本书利用 Vensim PLE 软件构建出大数据背景下煤矿安全管理效率系统影响的系统动力学流图。流图包含三种不同的变量,分别为状态变量、速率变量和辅助变量,具体如图6-12所示。

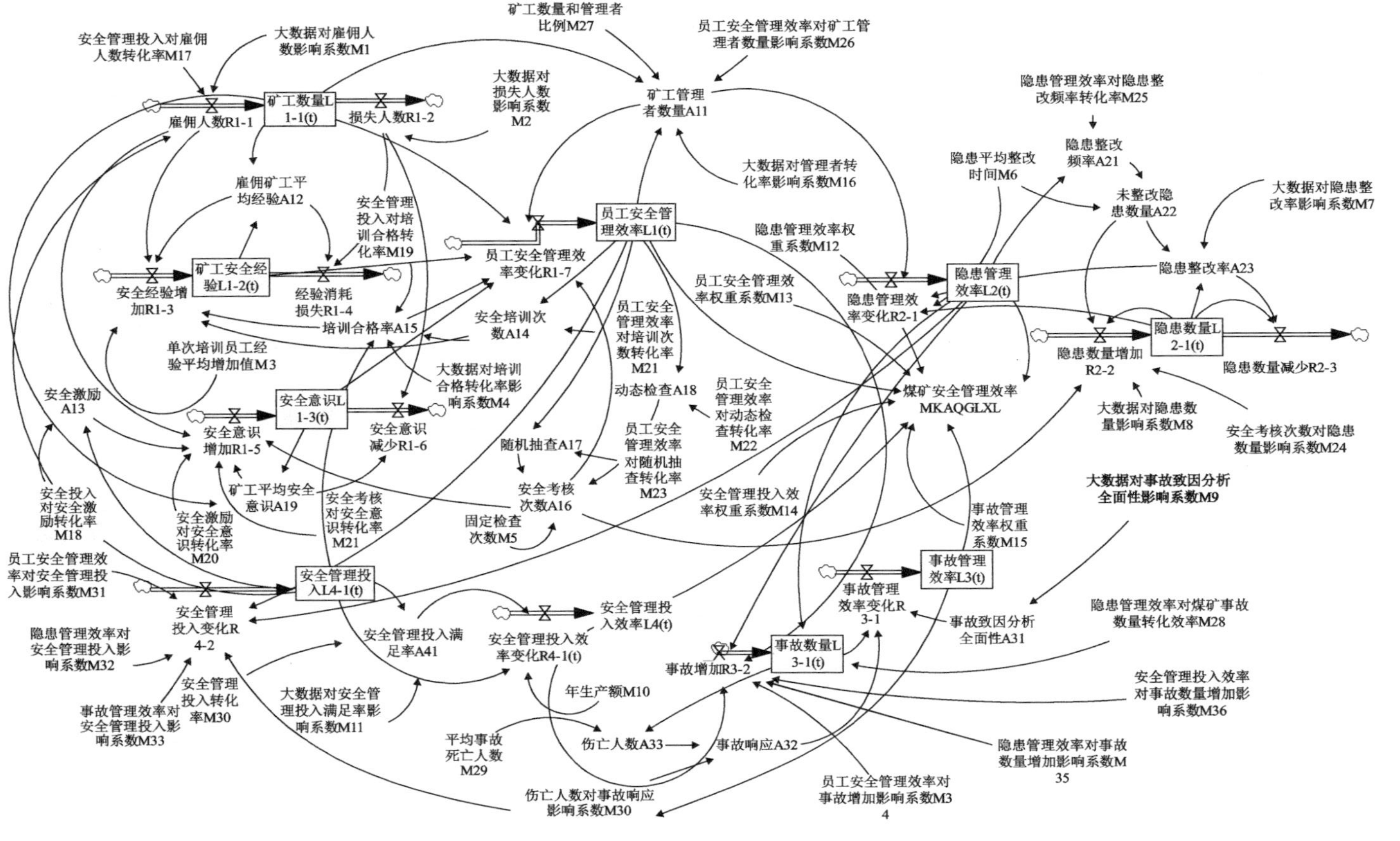

图 6–12 大数据背景下煤矿安全管理效率系统流图

煤矿安全管理效率大系统共包含了10个水平变量(L),14个速率变量(R)和16个辅助变量(A),37个常量(M),具体的变量名称见表6-1。

表6-1　大数据背景下煤矿安全管理效率系统变量

变量名称		变量实际含义
水平变量(10个)	L1(t)	表示员工安全管理效率子系统水平指标(单位为无量纲)
	L2(t)	表示隐患安全管理效率子系统水平指标(单位为无量纲)
	L3(t)	表示事故管理效率子系统水平指标(单位为无量纲)
	L4(t)	表示安全管理投入效率子系统水平指标(单位为无量纲)
	L1-1(t)	表示员工人数水平指标(单位为无量纲)
	L1-2(t)	表示矿工安全经验水平指标(单位为无量纲)
	L1-3(t)	表示矿工安全意识水平指标(单位为无量纲)
	L2-1(t)	表示隐患数量水平指标(单位为无量纲)
	L3-1(t)	表示煤矿安全事故数量水平指标(单位为无量纲)
	L4-1(t)	表示煤矿安全管理投入水平指标(单位为无量纲)
辅助变量(16)	MKAQGLXL	表示煤矿安全管理效率高低的水平指标(单位为无量纲)
	A11	表示矿工管理者数量变化量
	A12	表示雇佣矿工平均经验变化量
	A13	表示安全激励水平变化量
	A14	表示安全培训次数变化量
	A15	表示煤矿安全培训合格率变化量
	A16	表示考核次数变化量
	A17	表示随机次数变化量
	A18	表示动态检查次数变化量
	A21	表示隐患整改频率变化量
	A22	表示未整改隐患变化量
	A23	表示隐患整改率变化量
	A31	表示煤矿事故致因分析变化量
	A32	表示事故响应时间变化量
	A33	表示伤亡人数变化量
	A41	表示安全管理投入满足率变化量

续表 6-1

变量名称		变量实际含义
速率变量（14 个）	R1-1	单位时间矿工人数增加量
	R1-2	单位时间矿工人数损失量
	R1-3	单位时间矿工安全经验增加量
	R1-4	单位时间矿工安全经验消耗损失量
	R1-5	单位时间安全生产意识风险水平增加量
	R1-6	单位时间安全生产意识风险水平减少量
	R1-7	单位时间员工安全管理效率变化量
	R2-1	单位时间隐患管理效率变化量
	R2-2	单位时间隐患数量增加量
	R2-3	单位时间隐患数量减少量
	R3-1	单位时间煤矿事故管理效率变化量
	R3-2	单位时间煤矿事故增加量
	R4-1	单位时间内安全管理投入效率变化量
	R4-2	单位时间内安全管理投入变化量
常量（37 个）	M1	大数据对雇佣人数影响系数
	M2	大数据对损失人数影响系数
	M3	单次培训员工经验平均增加值
	M4	大数据对培训合格转化率影响系数
	M5	固定检查次数
	M6	大数据对管理者转化率影响系数
	M7	大数据对隐患整改率影响系数
	M8	大数据对隐患数量影响系数
	M9	大数据对事故致因分析影响系数
	M10	年生产额（万元）
	M11	大数据对安全管理投入满足率影响系数
	M12	隐患管理效率权重系数
	M13	员工安全管理效率权重
	M14	安全管理投入效率权重系数
	M15	事故管理效率权重系数
	M16	大数据对管理者转化率影响系数
	M17	安全管理投入对雇佣人数转化率

续表 6-1

变量名称		变量实际含义
常量（37 个）	M18	安全投入对安全激励转化率
	M19	安全管理投入对培训合格转化率
	M20	安全激励对安全意识转化率
	M21	安全考核对安全意识转化率
	M22	员工安全管理效率对动态检查转化率
	M23	员工安全管理效率对随机抽查转化率
	M24	安全考核次数对隐患数量影响系数
	M25	隐患管理效率对隐患整改频率转化率
	M26	员工安全管理效率对矿工管理者数量影响系数
	M27	矿工数量和管理者比例
	M28	隐患管理效率对煤矿事故数量转化效率
	M29	平均事故死亡人数
	M30	安全管理投入转化率
	M31	员工安全管理效率对安全管理投入影响系数
	M32	隐患管理效率对安全管理投入影响系数
	M33	事故管理效率对安全管理投入影响系数
	M34	员工安全管理效率对事故增加影响系数
	M35	隐患管理效率对事故数量增加影响系数
	M36	安全管理投入效率对事故数量增加影响系数
	M37	管理者数量对隐患整改频率影响系数

6.3.2 系统动力学方程

根据系统动力学原理，并按照表 6-1 定义的煤矿安全管理效率影响因子系统变量，得到如下 SD 方程式：

煤矿安全管理效率水平 MKAQGLXL = “事故管理效率 L3(t)”×事故管理效率权重系数 M15+“员工安全管理效率 L1(t)”×员工安全管理效率权重系数 M13+“安全管理投入效率 L4(t)”×安全管理投入效率权重系数 M14+“隐患管理效率 L2(t)”×隐患管理效率权重系数 M12（其中 M12+M13+M14+M15=1）

（1）员工安全管理子系统

矿工数量 L1-1(t)=“雇佣人数 R1-1”-“损失人数 R1-2”+初始值

雇佣人数 R1-1=安全管理投入对雇佣人数转化率 M17×“安全管理投入 L4-1(t)”+大数据对雇佣人数影响系数 M1

损失人数 R1-2=大数据对损失人数影响系数 M2

雇佣矿工平均经验 A12=“矿工安全经验 L1-2(t)”/“矿工数量 L1-1(t)”

矿工安全经验 L1-2(t)=“安全经验增加 R1-3”-“经验消耗损失 R1-4”+初始值

安全经验增加 R1-3=单次培训员工经验平均增加值 M3×培训合格率 A15×安全培训次数 A14+“雇佣人数 R1-1”×雇佣矿工平均经验 A12

经验消耗损失 R1-4=“损失人数 R1-2”×雇佣矿工平均经验 A12

员工安全管理效率 L1(t)=“员工安全管理效率变化 R1-7”+初始值

员工安全管理效率变化 R1-7=培训合格率 A15×相关权重+“安全意识 L1-3(t)”×相关权重+安全考核次数 A16×相关权重+“矿工数量 L1-1(t)”×相关权重+矿工管理者数量 A11×相关权重+“矿工安全经验 L1-2(t)”×相关权重

安全培训次数 A14=“员工安全管理效率 L1(t)”×员工安全管理效率对培训次数转化率 M21

培训合格率 A15=安全管理投入对培训合格转化率 M19×“安全管理投入 L4-1(t)”+大数据对培训合格转化率影响系数 M4×安全培训次数 A14

矿工管理者数量 A11=“矿工数量 L1-1(t)”×矿工数量和管理者比例 M27+“员工安全管理效率 L1(t)”×员工安全管理效率对矿工管理者数量影响系数 M26+大数据对管理者转化率影响系数 M16

安全考核次数 A16=动态检查 A18+固定检查次数 M5+随机抽查 A17

随机抽查 A17=“员工安全管理效率 L1(t)”×员工安全管理效率对随机抽查转化率 M23

动态检查 A18=“员工安全管理效率 L1(t)”×员工安全管理效率对动态检查转化率 M22

安全意识 L1-3(t)=“安全意识增加 R1-5”-“安全意识减少 R1-6”+初始值

安全意识增加 R1-5=安全激励 A13×安全激励对安全意识转化率 M20+矿工平均安全意识 A19×“雇佣人数 R1-1”+安全考核对安全意识转化率 M21×安全考核次数 A16

安全意识减少 R1-6=“损失人数 R1-2”×矿工平均安全意识 A19

矿工平均安全意识 A19=“安全意识 L1-3(t)”/“矿工数量 L1-1(t)”

安全激励 A13 =“安全管理投入 L4-1(t)”×安全投入对安全激励转化率 M18

(2)隐患管理效率子系统

隐患管理效率 L2(t)=“隐患管理效率变化 R2-1”+初始值

隐患管理效率变化 R2-1 = 矿工管理者数量 A11×相关权重+隐患平均整改时间 M6×相关权重+隐患整改率 A23×相关权重+“隐患数量 L2-1(t)”×相关权重

隐患数量 L2-1(t)=“隐患数量增加 R2-2”-“隐患数量减少 R2-3”+初始值

隐患数量增加 R2-2 = 大数据对隐患数量影响系数 M8×“隐患数量 L2-1(t)”+安全考核次数 A16×安全考核次数对隐患数量影响系数 M24+未整改隐患数量 A22

隐患数量减少 R2-3 =(1-隐患整改率 A23)×“隐患数量 L2-1(t)”

隐患整改率 A23 =(“隐患数量 L2-1(t)”-未整改隐患数量 A22)/“隐患数量 L2-1(t)”+大数据对隐患整改率影响系数 M7

未整改隐患数量 A22 = 隐患平均整改时间 M6×隐患整改频率 A21

隐患整改频率 A21 =“隐患管理效率 L2(t)”×隐患管理效率对隐患整改频率转化率 M25+矿工管理者数量 A11×管理者数量对隐患整改频率影响系数 M37

(3)事故管理效率子系统

事故管理效率 L3(t)=“事故管理效率变化 R3-1”+初始值

事故管理效率变化 R3-1 = 事故响应 A32×相关权重+“事故数量 L3-1(t)”×相关权重+事故致因分析全面性 A31×相关权重

事故致因分析全面性 A31 = 大数据对事故致因分析全面性影响系数 M9

事故数量 L3-1(t)=“事故增加 R3-2”+“隐患管理效率 L2(t)”×隐患管理效率对煤矿事故数量转化效率 M28+初始值

事故增加 R3-2 =“员工安全管理效率 L1(t)”×员工安全管理效率对事故增加影响系数 M34+“安全管理投入效率 L4(t)”×安全管理投入效率对事故数量增加影响系数 M36+“隐患管理效率 L2(t)”×隐患管理效率对事故数量增加影响系数 M35

伤亡人数 A33 =“事故数量 L3-1(t)”×平均事故死亡人数 M29

事故响应 A32 = 伤亡人数 A33×伤亡人数对事故响应影响系数 M30

(4)**安全管理投入子系统**

安全管理投入效率 L4(t)=“安全管理投入效率变化 R4-1(t)”+初始值

安全管理投入效率变化 R4-1(t)=“安全管理投入 L4-1(t)”×相关权重+安全管理投入满足率 A41×相关权重+安全管理投入合理性 M10×相关权重

安全管理投入满足率 A41=“安全管理投入 L4-1(t)”×安全管理投入转化率 M30+大数据对安全管理投入满足率影响系数 M11

安全管理投入 L4-1(t)=“安全管理投入变化 R4-2”+初始值

安全管理投入变化 R4-2=“事故管理效率 L3(t)”×事故管理效率对安全管理投入影响系数 M33+“员工安全管理效率 L1(t)”×员工安全管理效率对安全管理投入影响系数 M31+“隐患管理效率 L2(t)”×隐患管理效率对安全管理投入影响系数 M32

6.4 案例分析

王楼煤矿从 2004 年开始建设,历经三年建设期后开始正式生产。初步核定的生产能力为 90 万吨每年,后经扩建后年生产能力达到 120 万吨。截至 2018 年,王楼煤矿共有 2000 余人,共分布在 16 个机关科室,2 个采煤工区,4 个掘进工区和 4 个辅助工区。

王楼煤矿地理位置优越,距离公路和铁路都比较近,运输成本低。地质环境健康简单,为低瓦斯矿井。此外,王楼煤矿的煤层较厚,煤种以液肥煤和高焦油量的煤为主,因此应用广泛,不仅能够用于电厂和化工企业还能应用于日常生活当中。

王楼煤矿由于是新建煤矿,内部规划设计合理,环境优美。近一些年投入大量资金用于煤场安装先进的防风抑尘网、喷淋降尘设备。环保意识逐渐增强,通过一系列措施来进行绿色矿区建设。同时王楼煤矿的现代水平非常高,井下采煤设备先进,安全管理体系成熟。通过开展安全演出进区队、亲情帮教、井口送温度等活动来提升安全氛围。随着矿井机械化、自动化程度的不断提升,王楼煤矿始终保持安全管理的高压态势,从标准化、精细化管理入手,全方位管控,全过程监督,保持了安全生产工作稳定向更好

的状态发展。

在大数据信息化建设方面，王楼煤矿通过建设“五大共享平台”，并与煤矿安全监控系统有机融合，建立了高精度、透明化瓦斯、水文、巷道地质模型以及机电设备模型，完善了报警、断电等控制功能，实现了多网、多系统融合，达到了协调调度、集中管控的目的，为煤矿的安全生产管理提供了可靠保障，值得广泛推广。

6.4.1 指标的量化处理

(1)**权重的确定**

目前，安全综合评价中的权重确定方法有多种，在本研究中，仍采用层次分析法对煤矿安全管理效率影响因素权重进行确定。根据该矿的实际情况，由层次分析法计算出员工安全管理效率、隐患管理效率、事故管理效率和安全管理投入效率影响因素的相对权重见表6-2。

表6-2　煤矿安全管理效率影响因素及权重

1级	2级指标及权重	3级指标	3级指标权重
煤矿安全管理效率指标体系	员工安全管理效率 0.423	安全生产意识	0.305
		安全考核次数	0.154
		安全培训合格率	0.297
		矿工数量	0.062
		矿工管理者数量	0.101
		矿工安全经验	0.095
	隐患管理效率 0.251	隐患数量	0.188
		隐患整改率	0.608
		隐患平均整改时间	0.204
	事故管理效率 0.128	事故响应时间	0.361
		事故数量	0.152
		事故致因分析全面性	0.487
	安全管理投入效率 0.198	安全管理投入金额	0.160
		安全管理投入满足率	0.379
		安全管理投入合理性	0.461

(2)效率值的评价

依据该矿安全生产中的相关指标数据，选择合适的处理方法，按照一定的标准进行评价，得出所有因素的安全管理效率值。虽然上一章节利用DEA方法对煤矿安全管理效率值进行测算，但方法仅适用多个煤矿企业间的相对效率评估，而不适用于单个煤矿的安全管理效率值测算。因此，本书选取理想解法（TOPSIS）对煤矿安全管理效率值进行测算。TOPSIS法中引入了理想解和负理想解的概念，理想解指的是当前所研究问题的最优方案，而负理想解则指的是当前所研究问题的最差方案。利用TOPSISI方法进行安全管理效率评价的原理在于越接近于理想解，并且距离负理想解的距离最远的安全管理效率值最高，反之最差。具体的步骤如下：

1）构建初始判断矩阵。设待评价项目为 m 个，记为 $A_1, A_2, \cdots, A_m$，评价指标为 n 个记为 $I_1, I_2, \cdots, I_n$。指标 x_{ij} 表示（$i=1, \cdots, n; j=1, 2, \cdots, m$）第 i 个项目的第 j 个评价指标。因此建立初始判断矩阵为：

$$Q = (x_{ij})_{m \times n}$$

2）建立加权规范化矩阵。不同的指标可分为效益性指标和成本性指标，不同指标间的属性存在差异，根据指标的不同类型对初始判断矩阵 Q 进行标准化处理如式6-1和6-2，形成标准化矩阵 Q'：

$$x'_{ij} = \frac{x_{ij}}{\sqrt{x_{ij}^2}} \tag{6-1}$$

$$Q' = (x'_{ij})_{m \times n} \tag{6-2}$$

3）构造加权标准化矩阵。将上述利用AHP求得的指标层的各指标总排序权重乘以 Q' 可以得加权标准化矩阵 Q''，

$$Q'' = \begin{bmatrix} \omega_1 \times x'_{11} & \cdots & \omega_n \times x'_{1n} \\ \vdots & \ddots & \vdots \\ \omega_1 \times x'_{n1} & \cdots & \omega_n \times x'_{nn} \end{bmatrix} \tag{6-3}$$

4）正负理想解计算

$$\begin{aligned} V^+ &= \{(\max P'_{ij} \mid j \in J^+), (\min P'_{ij} \mid j \in J^-) \mid i = 1, 2, \cdots, m\} \\ &= (V_1^+, V_2^+, \cdots V_r^+) \end{aligned} \tag{6-4}$$

$$\begin{aligned} V^- &= \{(\max P'_{ij} \mid j \in J^-), (\min P'_{ij} \mid j \in J^+) \mid i = 1, 2, \cdots, m\} \\ &= (V_1^-, V_2^-, \cdots V_r^-) \end{aligned} \tag{6-5}$$

其中，J^+ 是效益性指标，J^- 成本性指标

样本指标与理想解之间的欧式距离和相对贴近度：

$$D_i^+ = \sqrt{\sum_{i=1}^{r}(P'_{ij} - V_j^+)^2}, i = 1, \cdots, m \tag{6-6}$$

$$D_i^- = \sqrt{\sum_{i=1}^{r}(P'_{ij} - V_j^-)^2}, i = 1, \cdots, m \tag{6-7}$$

$$E_i = D_i^- / (D_i^+ + D_i^-) \tag{6-8}$$

当样本为正理想解时，$E_i = 1$；当样本为负理想解时，$E_i = 0$。通常情况下，$E_i \in (0,1)$，通过贴近度排序可以实现对指标的评价。

5）安全管理效率等级表的确定。通过查询大量文献，大多数学者多集中于煤矿安全状况级别的划分，将煤矿划分为安全、较安全、一般安全、较不安全、不安全五个等级。本书通过参照大量文献认为将煤矿的运行体系的状态分为Ⅰ级有效，Ⅱ级比较有效，Ⅲ级基本有效，Ⅳ级基本无效，Ⅴ级无效五个级别。每个级别的临界值是按照煤矿行业相关规定去界定，具体见表6-3。

表6-3 安全管理效率等级表

序号	安全管理效率等级	安全管理效率值
1	Ⅰ级	>90
2	Ⅱ级	70～89
3	Ⅲ级	50～69
4	Ⅳ级	30～49
5	Ⅴ级	<30

（3）**初始值及常数值的确定**

1）初始值的确定。在煤矿安全管理效率系统中，共有10个水平变量初始值，分别为员工安全管理效率子系统水平初始值，隐患管理效率子系统水平初始值，事故管理效率子系统初始值，安全管理投入效率子系统初始值，员工数量效率水平初始值，员工安全意识效率水平初始值，隐患数量效率初始值，事故效率数量初始值和安全管理投入金额效率初始值。

在员工安全管理效率水平初始值定义中，首先应逐项评价影响员工安全管理效率的各个子因子水平。例如,在安全考核次数方面,该矿 2016 年的动态检查 35 次、随机抽查 27 次以及固定检查 144 次,共计安全考核 206 次,对比与其他大中型煤矿的水平,专家给出安全考核次数效率值分数为 38。在安全培训合格率方面,该矿 2016 年安全培训合格率为 76%,处于中等水平,因此给出的得分为 76 分。2016 年该矿员工人数为 2002 人,通过与其他产量相同的煤矿对比,给出得分为 53。在安全意识方面,该矿的所有特殊工种作业人员在培训考核中都达到合格条件。2016 年员工不安全行为次数为 120 500 次,从上述指标与煤矿行业整体情况比较,可以对该矿员工安全意识评分为 36。同理可以依次给出影响员工安全管理效率各个子因子效率水平值。最后依据各自权重加权得到 2016 年该煤矿员工安全管理效率值初始值为 38.26 。

在煤矿安全隐患管理效率水平初始值定义中,首先应该评价影响隐患管理效率的各个因素的水平值。该矿 2016 年隐患数量总数为 168 500 次,与同类别的煤矿企业相比处于中等偏下水平,专家给出的分数为 38。该矿的隐患整改率为 89.8%,所以隐患整改率的分值为 89.8。隐患的平均整改时间为 36 个小时,处于中等水平,专家给出的分值为 52 分。最后依据各自权重加权得到 2016 年该煤矿隐患管理效率值初始值为 72.35 。

在煤矿事故管理效率水平初始值定义中,首先应该评价影响煤矿事故管理效率的各个因素的水平值。煤矿事故管理效率水平受到事故响应时间、事故数量和事故致因分析全面性的影响。该矿 2016 年事故的平均响应时间为 58 分钟,处于中上水平,专家给出的分值为 72 分。2016 年的事故数量为 6 起,伤亡人数 9 人,处于中等水平,分值为 56 分。在事故致因分析全面性方面,专家给出的分值为 61。最后依据各自权重加权得到 2016 年该煤矿事故管理效率值初始值为 64.21 。

在煤矿安全管理投入效率水平初始值定义中,首先应该评价影响煤矿安全管理投入效率的各个因素的水平值。从系统流图可以看出,煤矿安全管理投入效率受到煤矿安全管理投入金额、安全管理投入满足率和安全管理投入合理性三个因素的影响。该矿 2016 年安全管理投入金额为 820 万,占比全年销售收入的 8%左右,专家给出的分数为 48。在安全管理投入满足率方面,专家给出的分数为 63。而在投入的合理性上面,该矿的得分为 42 分,处于中下水平。最后依据各自权重加权得到 2016 年该煤矿安全管理投入效率值初始值为 50.92。

依次可以评价出影响安全管理风险水平的各个子因子的水平值。最后

确定安全管理风险水平值。按照已确定的影响权重,可以计算安全管理风险水平的分值为52.65,处于基本有效状态。

2)常数值的确定。从煤矿安全管理效率系统中的常数值来看,可以分为三类。一类是大数据对各子系统影响因素之间的影响系数,包括M1,M2,M4,M6,M7,M8,M9,M11,M16等常数;第二类是该矿固有的特征数值,包括M3,M5,M10,M27,M29等常数量;第三类则是各子系统影响因素内部的相互影响关系以及子系统之间的影响的转化率等,包括M16,M17,M18,M19,M20等常数量,具体的数值见表6-4。

表6-4　煤矿安全管理效率系统常数赋值

M1	大数据对雇佣人数影响系数	0.1
M2	大数据对损失人数影响系数	0.2
M3	单次培训员工经验平均增加值	0.5
M4	大数据对培训合格转化率影响系数	1.1
M5	固定检查次数	1
M6	大数据对管理者转化率影响系数	0.8
M7	大数据对隐患整改率影响系数	0.2
M8	大数据对隐患数量影响系数	0.1
M9	大数据对事故致因分析影响系数	0.1
M10	年生产额(无量纲)	1.1
M11	大数据对安全管理投入满足率影响系数	1.1
M12	隐患管理效率权重系数	0.251
M13	员工安全管理效率权重系数	0.423
M14	安全管理投入效率权重系数	0.198
M15	事故管理效率权重系数	0.128
M16	大数据对管理者转化率影响系数	1.1
M17	安全管理投入对雇佣人数转化率	1.1
M18	安全投入对安全激励转化率	1.2
M19	安全管理投入对培训合格转化率	1.2
M20	安全激励对安全意识转化率	1.1
M21	安全考核对安全意识转化率	1.1

续表 6-4

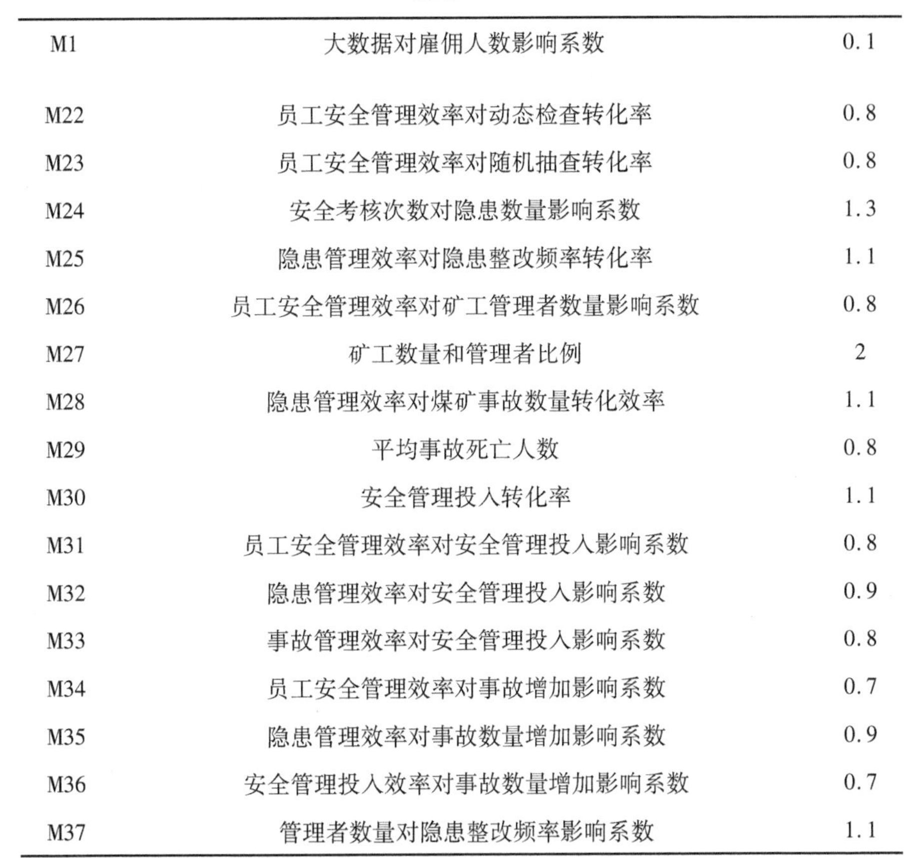

M1	大数据对雇佣人数影响系数	0.1
M22	员工安全管理效率对动态检查转化率	0.8
M23	员工安全管理效率对随机抽查转化率	0.8
M24	安全考核次数对隐患数量影响系数	1.3
M25	隐患管理效率对隐患整改频率转化率	1.1
M26	员工安全管理效率对矿工管理者数量影响系数	0.8
M27	矿工数量和管理者比例	2
M28	隐患管理效率对煤矿事故数量转化效率	1.1
M29	平均事故死亡人数	0.8
M30	安全管理投入转化率	1.1
M31	员工安全管理效率对安全管理投入影响系数	0.8
M32	隐患管理效率对安全管理投入影响系数	0.9
M33	事故管理效率对安全管理投入影响系数	0.8
M34	员工安全管理效率对事故增加影响系数	0.7
M35	隐患管理效率对事故数量增加影响系数	0.9
M36	安全管理投入效率对事故数量增加影响系数	0.7
M37	管理者数量对隐患整改频率影响系数	1.1

大数据对各子系统影响因素的影响系数是通过前文实证研究以及各个信息管理系统自动生成的数据。例如，当王楼煤矿使用数据挖掘方法对当年矿工数量进行优化时，可以得到新增人数 6 人，辞退人数 12 人。在进行归一化处理后可以得到大数据对雇佣人数和损失人数的影响系数分别为 0.1 和 0.2。在利用大数据对煤矿安全隐患进行关联规则挖掘时，该矿的隐患数量出现了一定数量的增长，同时隐患整改率也得到一定程度的提高。这说明大数据挖掘能够发现隐藏的隐患，同时也能根据得到的强关联规则提高煤矿安全隐患整改率，因此将大数据对隐患整改率的影响系数定为 0.2，对隐患数量的影响系数定为 0.1。同理，可以得到大数据对其他煤矿安全管理效率子系统影响因素的影响系数。

关于第二类固定的常数值，一般不会存在大的变动。例如在固定检查

次数方面,王楼煤矿每周安排3次的固定安全检查,那么全年的固定安全检查次数为144次,再进归一化处理后,固定检查次数的常数值为1。同理,可以得到王楼煤矿其他固定特征常数的值。

对于各子系统影响因素内部的相互影响关系以及子系统之间的影响的转化率等常数值,采用参数估计法所得,并结合访谈、专家评审等方法,结合其他研究学者的成果进行修正。影响系数是两个存在关联性因素之间的相互作用程度,其表现为正向作用或者负向作用。例如员工安全管理效率对动态检查转化率表现为负向作用,当员工安全管理效率提高时,企业安全管理者会适当性减少动态检查次数。而管理者数量与隐患整改频率则存在正向作用。当管理者数量增加时,那么管理者对煤矿安全管理隐患频率也会有相应的增加。

通过上述对不同子系统的影响因素进行分值界定,可以得出各个子系统的数值,然后依据各个子系统的权重比例加权得到煤矿安全管理效率初始值50.92(无量纲)。在根据表6-3对煤矿安全管理效率等级的划分,发现最高等级安全管理效率的初始值为90(无量纲)。综上,将煤矿安全管理效率的目标值设定为90。

6.4.2 模型检验

对构建的系统动力学模型进行检验,来确保该模型能够解决所研究的问题。常见的检验方法包括:历史检验、真实性检验以及灵敏度检验等。本书,将初始数据设置为2016年,然后利用煤矿安全管理效率系统动力学模型进行仿真,将得到的2017年数据与实际数据进行对比,发现数据误差在可接受范围之内,并通过了行为一致性检验和真实性检验。

6.4.3 仿真

(1)仿真运行

模型设置如下:INITIAL TIME = 0, FINAL TIME = 50, TIME STEP = 0.03125, Units for Time: Month, Integration Type: Euler,将设定的初始值带入方程,通过软件可以直观地看到煤矿安全管理效率系统的水平变化趋势,具体如图6-13所示。

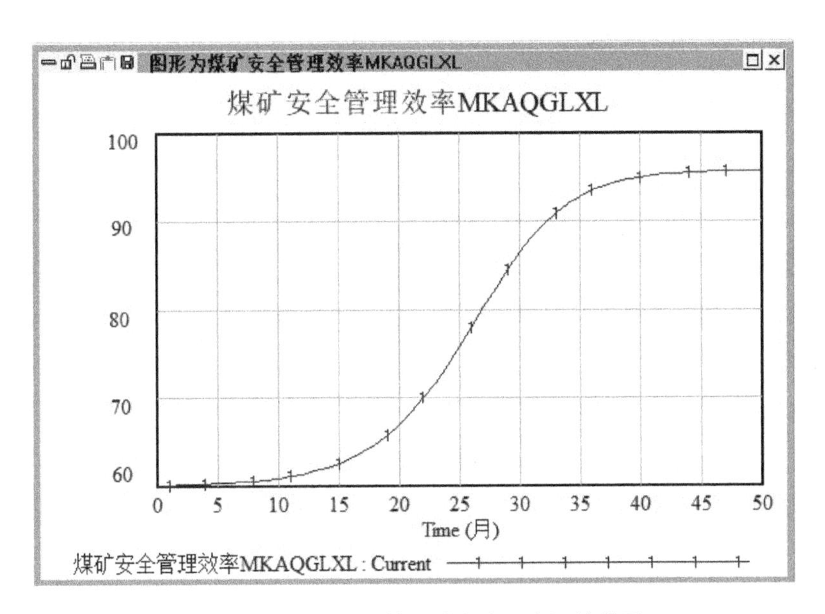

图 6-13　煤矿安全管理效率水平发展趋势图

得到的具体数据如下：

Time(月)　0　1　2　3　4　5　6　7　8　9　10　11　12　13　14　15　16　17　18　19　20　21　22　23　24　25　26　27　28　29　30　31　32　33　34　35　36　37　38　39　40　41　42　43　44　45　46　47　48　49　50

煤矿安全管理效率 MKAQGLXL：Current　52.65　52.91　53.8359　54.7781　55.7367　56.7121　57.7045　58.7144　59.7419　60.7873　60.8511　61.9335　62.0348　63.1555　63.2957　64.4558　64.6363　65.8375　66.0596　67.3032　69.5685　70.8559　72.1659　74.4988　78.855　80.235　81.6391　83.0678　84.5215　86.0006　87.5056　89.037　90.5951　92.1805　92.7937　93.4351　94.1052　94.8045　95.034　95.293　95.839　96.095　96.258　96.844　97.162　95.515　95.801　96.122　96.579　96.672　96.801

数据表明，煤矿安全管理效率值在第 33 个月达到目标的效率水平值。由于煤矿安全管理效率水平与大数据管理之间存在反馈关系，安全管理效率值在 0～20 个月内出现较缓程度的增长，在 21～30 个月出现了较快程度的增加，到了 30 个月之后，安全管理效率值增长极为缓慢。说明大数据在煤

矿安全管理活动前期需要一个适应过程，当煤矿能够熟练使用后，安全效率得到快速增长，直到最后慢慢稳定下来。

此外，还可以直观地看到员工安全管理效率子系统、隐患管理效率子系统、事故管理效率子系统和安全管理投入效率子系统各影响因素的水平变化状况。

在员工安全管理效率子系统中，员工安全管理效率子系统值在经历了缓慢增长和快速增长阶段后逐渐趋于稳定，并且员工安全意识和安全数量同样遵循这种发展趋势。员工安全经验在前期经历多次震荡后，达到稳定值。而培训合格率、安全考核次数以及管理者数量都存在较缓程度的波动，在经历上升—下降—再上升的发展态势后趋于稳定。

在隐患管理效率子系统中，隐患管理效率子系统值在经历了缓慢增长和快速增长阶段后逐渐趋于稳定。隐患数量在经历短期的上升趋势后，开始下降然后趋于稳定。隐患平均整改时间设为常数。隐患整改率在经历上升—下降—再上升的发展态势后趋于稳定。

在事故管理效率子系统中，事故管理效率子系统值在经历了缓慢增长和快速增长阶段后逐渐趋于稳定。事故数量和事故分析全面性因素在经历缓慢增长后趋于稳定。而事故响应时间在经历上升—下降—在上升的发展态势后趋于稳定。

在安全管理投入效率子系统中，安全管理投入效率子系统值在经历了缓慢增长和快速增长阶段后逐渐趋于稳定。安全投入满足率也遵循该发展趋势。安全投入金额前期增长幅度偏慢，后期急剧增长至稳定状态。安全投入合理性设为常数。

（2）**调整大数据影响系数变化的方案选择**

在构建调整大数据影响系数方案时，本书依据《安全生产“十三五”规划》相关政策内容，以及目前煤矿企业大数据安全管理应用实际情况，将调整方案分为三类：①对所有大数据影响系数进行同时增加或者减少来观察煤矿安全管理效率水平变化状况，从而让企业了解大数据对煤矿安全管理效率的整体作用；②分别对 4 个煤矿安全管理效率子系统的大数据影响系数进行单一增加，来观察煤矿安全管理效率整体水平变化状况，从而让煤矿企业了解改变单一子系统对煤矿安全管理效率的影响作用；③对多个煤矿安全全管理效率子系统的大数据影响系数进行增加，来观察煤矿安全管理效率整体水平变化状况，从而让煤矿企业了解改变多个子系统对煤矿安全管理效率的影响作用。此外，在变动比例上，依据大数据的发展速度的快慢，分别设置了10%、20%和30%三种增速水平来表明大数据在煤矿安全管理中应用的不同时期。

1）调整整体大数据影响系数的方案。通过调整全部子系统大数据影响系数来观察煤矿安全管理效率的变化情况。在原有系数的基础上，本节共设计了四种变化方案，分别是所有子系统大数据影响系数降至0，增加10%，增加20%和减少10%，见表6-5。

表6-5　整体方案的大数据影响系数变化

方案名称	变动系数	变动比例	备注
Current	无	0	原方案
Current 1	所有子系统大数据影响系数	降至0%	新方案
Current 2	所有子系统大数据影响系数	+10%	新方案
Current 3	所有子系统大数据影响系数	+20%	新方案
Current 4	所有子系统大数据影响系数	-10%	新方案

得到的仿真结果如图6-14（见二维码）所示，从图中我们可以看出，将所有子系统大数据影响系数降为0会造成煤矿安全管理效率水平的降低，但前期的增速会加大。原本从第20个月之后煤矿安全管理效率水平在快速增加，而现在从第15个月安全管理效率水平值扩大速度就开始加快。但其增速收敛的速度也要快于原方案，这就导致在没有大数据引入的条件下，煤矿安全管理效率要达到目标值的时间增长。而增加10%的所有子系统大数据影响系数，煤矿安全管理效率水平值得到了提升，并且将达到目标安全管理效率水平的月份提前了3个月，增加所有子系统大数据影响系数能够有效的提升煤矿安全管理效率水平值以及水平增加的速率。增加20%的所有子系统大数据影响系数，煤矿安全管理效率水平值得到了明显提升，并且达到目标安全管理效率水平值的月份也提前到了第27个月，但到40个月后，其提升的煤矿安全管理效率水平值与增加10%所提高的水平值差距并不大。第四种方案是降低所有子系统大数据

图6-14　大数据影响系数整体调整4种方案下煤矿安全管理效率水平发展趋势

影响系数的10%。相比于原方案,从第20个月后,煤矿安全管理效率水平值出现了降低的现象,并且前期的增长速率要小于原方案。最终达到目标效率的月份为40个月,延迟了7个月。从上述的四种方案可以看出增加10%的子系统大数据影响系数能有效的提高煤矿安全管理水平值大小,但增速不会太明显,直到加大至20%时,增速有了明显的提高,但最后的水平值不会有太大增加。此外将方案一和原方案对比发现,大数据短期内也许会降低煤矿安全管理效率的增速,但其上限更高。最后,降低大数据影响系数短期内并不会造成煤矿安全管理效率水平值的降低,甚至会增强水平值提高的速率,但从长期来看,其会对水平值的上限产生影响。

2)改变单一子系统大数据影响系数变化。通过调整单个煤矿安全管理效率子系统的大数据影响系数来观察四者对煤矿安全管理效率水平值的总体影响。设计的四种方案包括:将员工安全管理效率子系统大数据影响系数增加20%;将隐患管理效率子系统大数据影响系数增加20%;将事故管理效率子系统大数据影响系数增加20%;将安全投入效率管理效率子系统大数据影响系数增加20%,具体见表6-6。

表6-6　单一子系统中大数据影响系数的四种改变方案

方案名称	变动系数	变动比例	备注
Current	无	0	原方案
Current 1	员工安全管理效率子系统大数据影响系数	+20%	新方案
Current 2	隐患管理效率子系统大数据影响系数	+20%	新方案
Current 3	事故管理效率子系统大数据影响系数	+20%	新方案
Current 4	安全投入效率管理效率子系统大数据影响系数	+20%	新方案

从图6-15(见二维码)中可以看出,四种方案中,增加员工安全管理效率子系统大数据影响系数对总体的安全管理效率值影响最大,而增加事故管理效率子系统大数据影响系数对总体的安全管理效率值影响最小。处在第2位的隐患管理效率子系统大数据影响系数,虽然没有增加员工大数据影响系数的安全水平值提升的更多,但其在前27个月内并无明显的区别。最后,增大安全投入效率管理效率子系统大数据影响系数会在一

图6-15　单一子系统大数据影响系数4种方案下煤矿安全管理效率水平发展趋势

定程度上增大煤矿安全管理效率水平值，但增大的幅度不如员工安全管理效率子系统和隐患管理效率子系统，但其对增速的影响最为显著，从第15个月开始呈现出快速增长的趋势，较原方案提前了10个月。因此从改变单一子系统大数据影响系数的四种方案中可以看出，增加员工安全管理效率的大数据影响系数对水平值的影响最明显，但若想快速的提升煤矿安全管理效率水平值，那么增加安全管理投入效率子系统大数据影响系数最为明显。因此，煤矿企业在将大数据引入煤矿安全管理活动中时，应首先考虑对安全管理投入效率的数据挖掘。

3)改变多个子系统大数据影响系数变化。通过调整多个煤矿安全管理效率子系统的大数据影响系数来观察不同组合对煤矿安全管理效率水平值的总体影响。共设计的11种方案包括：员工安全管理效率和隐患管理效率子系统大数据影响系数增加30%，员工安全管理效率和事故管理效率子系统大数据影响系数增加30%，员工安全管理效率和安全管理投入效率子系大数据影响系数增加30%，隐患管理效率和事故管理效率子系统大数据影响系数增加30%，隐患管理效率和安全管理投入效率子系统大数据影响系数增加30%，事故管理效率和安全管理投入效率子系统大数据影响系数增加30%，员工、隐患和事故管理效率子系统大数据影响系数增加30%，员工、隐患和安全管理投入效率子系统大数据影响系数增加30%，员工、事故和安全管理投入效率子系统大数据影响系数增加30%，隐患、事故和安全管理投入效率子系统大数据影响系数增加30%和改变所有子系统大数据影响系数增加30%，具体见表6-7。

表6-7　多个子系统大数据影响系数11种改变方案

方案名称	变动系数	变动比例	备注
Current	无	0	原方案
Current 1	员工安全管理效率和隐患管理效率子系统大数据影响系数	+30%	新方案
Current 2	员工安全管理效率和事故管理效率子系统大数据影响系数	+30%	新方案

续表 6-7

方案名称	变动系数	变动比例	备注
Current 3	员工安全管理效率和安全管理投入效率子系大数据影响系数	+30%	新方案
Current 4	隐患管理效率和事故管理效率子系统大数据影响系数	+30%	新方案
Current 5	隐患管理效率和安全管理投入效率子系统大数据影响系数	+30%	新方案
Current 6	事故管理效率和安全管理投入效率子系统大数据影响系数	+30%	新方案
Current 7	员工、隐患和事故管理效率子系统大数据影响系数	+30%	新方案
Current 8	员工、隐患和安全管理投入效率子系统大数据影响系数	+30%	新方案
Current 9	员工、事故和安全管理投入效率子系统大数据影响系数	+30%	新方案
Current 10	隐患、事故和安全管理投入效率子系统大数据影响系数	+30%	新方案
Current 11	改变所有子系统大数据影响系数	+30%	新方案

从图 6-16(见二维码)可以看出,改变 4 个子系统的大数据影响系数对煤矿安全管理效率水平的增加最为明显,其次是改变 3 个子系统的大数据影响系数,最后是改变 2 个子系统的大数据影响系数。在改变 3 个子系统的大数据影响系数方案中,效果最明显的是方案 8 的员工、隐患和安全管理投入效率子系统大数据影响系数,其次是方案 7 的员工、隐患和事故管理效率子系统大数据影响系数,第三是方案 9 的员工、事故和安全管理投入效率子系统大数据影响系数,最后是方案 10 的隐患、事故和安全管理投入效率子系统大数据影响系数。在改变 2 个子系统的大数据影响系数方案中,有效性方案的排序如下:Current 1 > Current 3 > Current 2 > Current 5 > Current 6 > Current 4。煤矿企业可以根据不同方案带来员工安全管理效率水平变化,选择适合自身企业所需要的实施方案。

图 6-16　多个子系统大数据影响系数 11 种方案下煤矿安全管理效率水平发展趋势

6.5 煤矿安全管理效率提升对策及建议

随着中国煤炭技术的不断进步,其在煤矿事故中所占的影响越来越小。而煤矿安全管理效率问题成为了当前制约中国煤炭产业健康安全发展的重要原因。面对煤矿安全管理问题存在的瓶颈,智慧矿山和信息化手段为企业管理者提供了安全大数据的大门,但现在需要我们利用数据挖掘的手段来有效整合数据,获取有效信息。基于上述对大数据背景下煤矿安全管理效率仿真的基础上,提出大数据背景下煤矿安全管理效率改进对策。

(1)**提升“大数据+安全管理”人才培养工程**

将大数据应用到煤矿安全管理中不仅需要对煤矿安全管理知识的精通,还需要对大数据理念和数据挖掘技术有一定的了解。从目前企业的实际情况来看,这样的人才在煤矿企业严重不足。在中国从事煤矿安全管理的人员有很多,擅长大数据分析的人员也在快速增长。但既懂煤矿安全管理又对大数据技术了解的复合型人才却少之又少。这也就从侧面间接阻碍了大数据在煤矿安全管理上的应用效率。

因此,要想快速的提升大数据在煤矿安全管理中的应用效果,培养“大数据+安全管理”人才工程必不可少。煤矿安全管理大数据时代的到来,不仅要求安全管理人员具备较强的安全意识以及丰富的安全知识,同时还要求安全管理人员有数据意识及丰富的数据挖掘知识。二者是相辅相成,相互促进。因此,当前构建大数据安全人才培养工程可以从以下两个方面进行考虑,从而加快大数据在煤矿安全领域的发展进程。

一方面培养安全管理人员大数据思维。煤矿企业安全管理者应跳出“所见即所得”的禁锢,认为现场看到的隐患就是这个隐患。当安全管理者发现隐患,并进行及时改正后,还应考虑到与之存在关联性的隐患。这就是大数据中的相关性思维。将看到的问题数据化,然后进行发散思维也是当前风险预控管理的核心所在。此外,安全管理者的数据观要不断扩大,不能仅局限于危险源、不安全行为、隐患等结构化、半结构化数据,还应该考虑文本、视频、音频等非结构化数据,这样才能将煤矿安全问题考虑得更加全面,

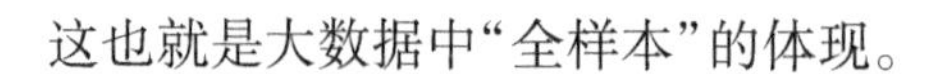

这也就是大数据中“全样本”的体现。

另一方面培养安全管理人员大数据技能。由于大数据技术具有一定的专业性,没有学习过数据分析的人员很难利用相关技术对存在的问题进行探索,并且在与计算机专业人员进行沟通时存在障碍。这就要求部分煤矿安全管理人员应掌握大数据的基本功能以及简单的算法等大数据知识,这样才能从更专业的角度探讨大数据在煤矿安全管理中的应用。

(2)构建多层次的煤矿安全大数据管理平台

从长远发展来看,构建国家、地方以及煤矿企业多层次煤矿安全大数据管理平台对提升中国煤矿安全管理水平显得尤为关键。由于国家、地方以及煤矿企业内的安全数据缺乏交互性,导致安全数据的全面性和准确性受到影响。通过构建三个层面上的煤矿安全大数据管理平台,可以集成不同方面的安全管理数据。再利用大数据分析技术,提取出适用于不同层面的安全关联规则规律,实现对安全大数据的有效应用,化解煤矿安全行业中信息过载问题。

总体来说,大数据在煤矿安全行业的应用仍然处于起步阶段。许多煤矿安全问题急需要构建多主体的安全大数据管理平台进行解决。因此,煤矿安全大数据管理平台应包含三个方面,国家安全大数据平台、地方政府安全大数据平台以及煤矿企业大数据管理平台,具体框架如图6-17所示。国家安全大数据平台可以实现对地方政府和煤矿企业的安全监察职能;地方政府安全大数据平台可以实现对管辖范围内的煤矿企业安全监管职能;企业大数据平台可以实现对自身包含的安全业务自查的功能。

(3)加强煤矿企业内部的多系统联动

煤矿企业中安全管理数据不仅数量庞大,还比较分散,分布在不同的部门、不同的安全操作系统中。这就要求煤矿企业内部的信息系统实现数据的联动。通过构建煤矿企业内部安全管理数据融合平台,使得不同信息系统、不同传感器上的数据能够进行集成,得到煤矿安全数据也更加全面,这样就可以挖掘出更多有价值的信息,实现煤矿安全管理水平的有效提升。因此,构建一个适合于多部门的煤矿安全大数据安全信息管理系统显得尤为必要。

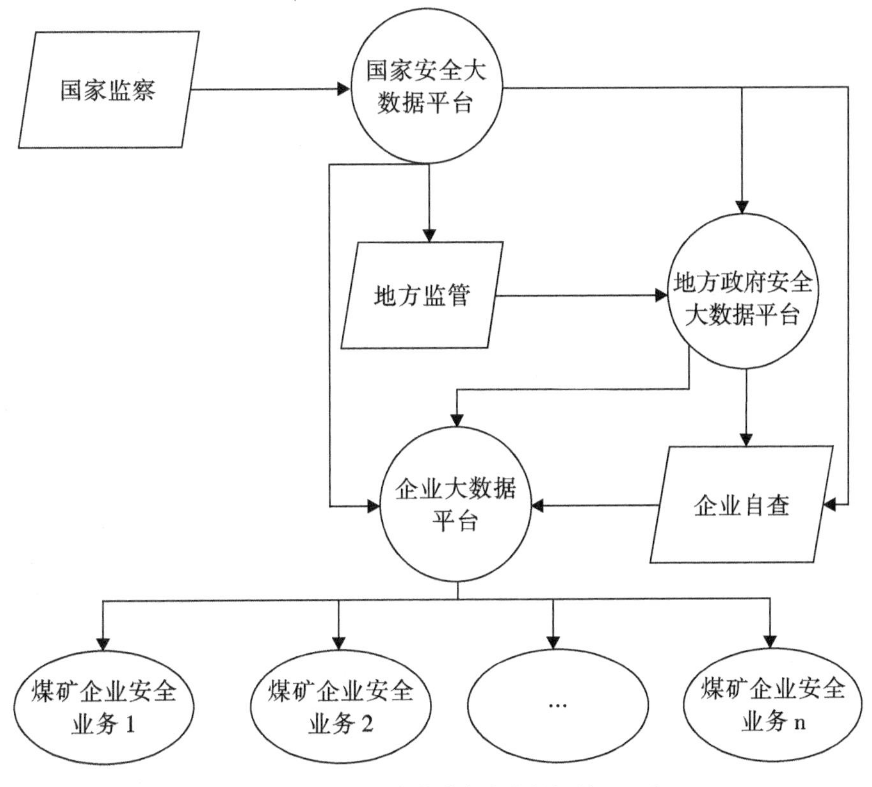

图6-17 多层面的煤矿安全大数据管理平台

(4)**培养安全数据文化,实现科学治理**

由于“社会存在”方式的不同,中国西方的思维方式有着明显的差异。自古以来,中国人重视对事物之间的规律进行演绎,但缺乏对新理论分析和归纳。这种现象同时存在于煤矿安全管理中,安全管理者喜欢利用自身的经验来进行安全管理,缺乏利用安全数据进行管理的意识,因此导致管理方式较为粗犷,这也是当前煤矿重特大事故频发的主要原因。

通过培养煤矿企业安全数据文化,能够让煤矿企业员工和管理者明白数据分析得到的有效规律可以为后续的安全决策提供依据和支撑。这样做出的决策才能更加让人信服。此外,安全数据文化能够让员工的行为更加理性。人是感性动物,当煤矿工人在恶劣的井下进行工作时,难免不会产生心理上的风险波动。只有通过不断的数据挖掘和分析,找出安全数据之间存在的规律,实现对煤矿安全的精细化管理,提前预控潜在的危险源和隐患。

6.6 本章小结

本章在对中国煤矿安全管理效率横向评估的基础上,以提高煤矿安全管理有效性、降低煤矿企业安全管理大数据投入为目标,针对大数据背景下的煤矿安全管理有效性问题进行纵向提升仿真模型。将系统动力学理论与方法运用到实际煤矿安全管理有效性领域,依据煤矿安全管理效率影响因子体系,对煤矿安全管理效率总系统、及其下属的员工安全管理效率子系统、隐患管理效率子系统、事故管理效率子系统和安全管理投入效率子系统进行系统动力学仿真研究。对比分析不同变量条件下的大数据与子系统安全管理效率影响因素间的变化关系,比较不同方案条件下煤矿安全管理效率的变化速度。通过仿真,计算出子系统中各因子对系统安全管理效率水平的实际作用率,定量地观测复杂系统中不同影响因子的实际作用程度,为煤矿安全管理决策提供科学、量化的参考依据。在对中国煤矿安全管理效率有效性仿真研究的基础上,提出了改善和提高大数据技术在煤矿安全管理中应用效率的相关对策和建议。

参考文献

[1]方圆,张万益,曹佳文,等.我国能源资源现状与发展趋势[J].矿产保护与利用,2018(4):34-42+47.

[2]赵芳,曹洪军.中国能源发展与经济增长的协调状况:实证研究与提升路径[J].经济问题探索,2016(7):8-13.

[3]刘全龙,李新春.中国煤矿安全监察监管演化博弈有效稳定性控制[J].北京理工大学学报(社会科学版),2015,17(4):49-56.

[4]Liu Q,Meng X,Hassall M,et al. Accident-causing Mechanism in Coal Mine based on hazards and Polarized Management [J]. Safety Science,2016(85):276-281.

[5]陈娟,赵耀江.近十年来我国煤矿事故统计分析及启示[J].煤炭工程,2012(3):137-139.

[6]孔留安,李武.影响我国煤矿安全的本质因素分析[J].煤炭学报,2006(3):320-323.

[7]吴晓春.大数据技术在煤矿安全生产运营管理中的应用[J].煤矿安全,2018,49(12):239-241.

[8]刘铁敏,任伟.我国煤矿安全管理的现状与对策[J].煤矿安全,2000(2):55-57.

[9]谭章禄,吴琦.煤炭安全管理可视化方式评价研究[J].煤矿安全,2018,49(2):230-233.

[10]张引,陈敏,廖小飞.大数据应用的现状与展望[J].计算机研究与发展,2013,50(S2):216-233.

[11]冯芷艳,郭迅华,曾大军,等.大数据背景下商务管理研究若干前沿课题[J].管理科学学报,2013,16(1):1-9.

[12]涂新莉,刘波,林伟伟.大数据研究综述[J].计算机应用研究,2014,31(6):1612-1616+1623.

[13]王帅,汪来富,金华敏,等.网络安全分析中的大数据技术应用[J].电信科学,2015,31(7):145-150.

[14] Banda O A V, Goerlandt F. A STAMP-based approach for designing maritime safety management systems[J]. Safety Science, 2018(109): 109-129.

[15] Wang L, Nie B, Zhang J, et al. Study on coal mine macro, meso and micro safety management system[J]. Perspectives in Science, 2016(7): 266-271.

[16] Nahangi M, Chen Y, McCabe B. Safety-based efficiency evaluation of construction sites using data envelopment analysis (DEA)[J]. Safety Science, 2019(113): 382-388.

[17] Pandit B, Albert A, Patil Y, et al. Impact of safety climate on hazard recognition and safety risk perception[J]. Safety Science, 2019(113): 44-53.

[18] Stemn E, Bofinger C, Cliff D, et al. Examining the relationship between safety culture maturity and safety performance of the mining industry[J]. Safety Science, 2019(113): 345-355.

[19] Morrow S L, Kenneth Koves G, Barnes V E. Exploring the relationship between safety culture and safety performance in U. S. nuclear power operations[J]. Safety Science, 2014(69): 37-47.

[20] Mario Martínez-Córcoles, Gracia F, Inés Tomás, et al. Leadership and employees' perceived safety behaviours in a nuclear power plant: A structural equation model[J]. Safety Science, 2011, 49(8-9): 1118-1129.

[21] Wu T C, Chang S H, Shu C M, et al. Safety leadership and safety performance in petrochemical industries: The mediating role of safety climate[J]. Journal of Loss Prevention in the Process Industries, 2011, 24(6): 716-721.

[22] Vredenburgh A G. Organizational safety: which management practices are most effective in reducing employee injury rates? [J]. Journal of safety Research, 2002, 33(2): 259-276.

[23] Asadzadeh S M, Azadeh A, Negahban A, et al. Assessment and improvement of integrated HSE and macro-ergonomics factors by fuzzy cognitive maps: The case of a large gas refinery[J]. Journal of Loss Prevention in the Process Industries, 2013, 26(6): 1015-1026.

[24] Ghahramani A. Factors that influence the maintenance and improvement of

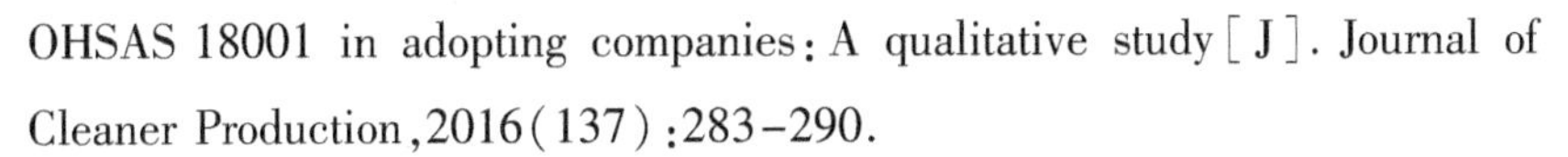
OHSAS 18001 in adopting companies: A qualitative study[J]. Journal of Cleaner Production, 2016(137): 283-290.

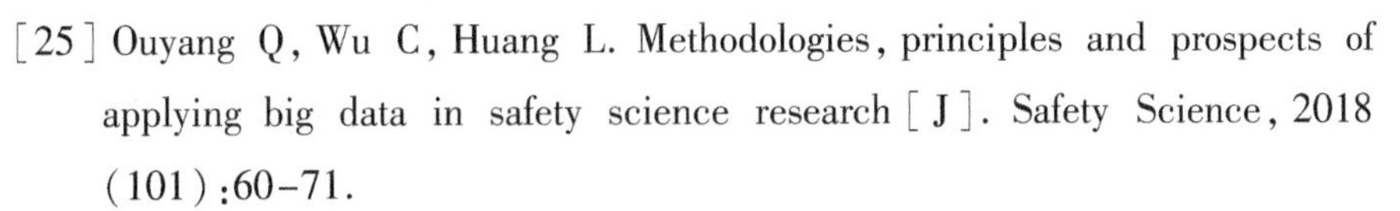
[25] Ouyang Q, Wu C, Huang L. Methodologies, principles and prospects of applying big data in safety science research[J]. Safety Science, 2018 (101): 60-71.

[26] Sanmiquel L, Rossell J M, Vintró C. Study of Spanish mining accidents using data mining techniques[J]. Safety Science, 2015(75): 49-55.

[27] 罗云. 现代安全管理[M]. 北京: 化学工业出版社, 2010.

[28] 陈宝智. 安全原理[M]. 北京: 冶金工业出版社, 2016.

[29] 李新春, 马浩东, 李贤功. 浅析基于风险预控的煤矿安全管理[J]. 煤炭工程, 2010(4): 118-119.

[30] 孟现飞, 宋学锋, 张炎治. 煤矿风险预控连续统一体理论研究[J]. 中国安全科学学报, 2011, 21(8): 90-94.

[31] 李贤功, 宋学锋, 孟现飞. 煤矿安全风险预控与隐患闭环管理信息系统设计研究[J]. 中国安全科学学报, 2010, 20(7): 89-95.

[32] 孙青, 庄晓天. 煤矿风险预控管理中危险源系统可靠性分析[J]. 煤矿安全, 2014, 45(10): 229-231+235.

[33] 续婷妮, 栗继祖. 矿工职业倦怠与安全绩效的影响机理模型[J]. 矿业安全与环保, 2018, 45(6): 112-116.

[34] 陆海蓉. 安全变革型领导与员工安全绩效: 安全角色认同的中介作用. 中国心理学会. 第二十一届全国心理学学术会议摘要集[C]. 中国心理学会: 中国心理学会, 2018.

[35] 马杰, 李旎, 张玲玲. 煤矿安全文化与安全绩效的关系[J]. 辽宁工程技术大学学报(社会科学版), 2009, 11(3): 236-239.

[36] 马金山. 煤矿安全管理效率及其制约因素研究[D]. 徐州: 中国矿业大学, 2015.

[37] 戚安邦, 尤荻. 基于 DEA 理论的煤矿企业安全管理能力评价模型与方法[J]. 煤矿安全, 2012, 43(2): 181-184.

[38] 谭斌, 付雨露, 曹庆仁. 煤矿隐患排查治理闭合模式的构建与运行[J]. 煤炭工程, 2011(1): 126-128.

[39] 冯群, 陈红. 基于动态博弈的煤矿安全管理制度有效性研究[J]. 中国安全科学学报, 2013, 23(2): 15-19.

[40]马有才,杨洋,康俊英,等.基于有效投入的煤矿安全生产管理研究[J].煤矿安全,2010,41(9):148-151.

[41]张雅萍,栗继祖,冯国瑞,等.基于DEA模型的冲突管理对不安全行为意向作用效果的评价[J].煤矿安全,2017,48(6):245-248.

[42]孙青.煤矿风险预控体系运行效果综合评价实证研究[J].中国煤炭,2015,41(1):108-113+116.

[43]郑凌霄,王飞.基于三维可视化危险源的煤矿风险预控手机管理系统设计[J].中国安全生产科学技术,2016,12(8):120-124.

[44]张红岩.基于虚拟现实技术的煤矿安全培训系统[J].工矿自动化,2014,40(2):88-92.

[45]何国家,杨春宁,黎体发.安全风险预控管理技术在我国煤矿生产实际中的理论方法研究[J].中国煤炭,2011,37(8):89-92.

[46]高登云,刘英杰.煤矿岗位标准作业流程在精益化与风险预控管理体系中的应用[J].煤矿安全,2017,48(S1):122-127.

[47]杨春宁.基于内控管理的煤矿安全风险预控体系研究[J].中国煤炭,2015(7):120-123.

[48]梁跃强.基于地质数据挖掘和信息融合的煤与瓦斯突出预测方法[D].北京:中国矿业大学,2018.

[49]邵良杉,付贵祥.基于数据挖掘的瓦斯信息识别与决策[J].辽宁工程技术大学学报(自然科学版),2008(2):288-291.

[50]裴秋艳.煤矿海量通风安全数据挖掘算法及智能分析系统研究[D].太原:太原理工大学,2017.

[51]王子君.数据仓库在处理矿井通风网络数据中的应用[J].煤矿安全,2008(3):57-59.

[52]刘双跃,彭丽.基于Apriori改进算法的煤矿隐患关联性分析[J].内蒙古煤炭经济,2013(11):149-151.

[53]陈晓.基于数据挖掘的煤矿安全管理知识可视化研究[D].北京:中国矿业大学,2017.

[54]李光荣,杨锦绣,刘文玲,等.2种煤矿安全管理体系比较与一体化建设途径探讨[J].中国安全科学学报,2014,24(4):117-123.

[55]贺超,宋学锋,王建军.基于物联网的360度煤矿安全管理信息系统探讨[J].工业安全与环保,2013,39(8):80-82.

[56]祝楷. 基于系统论的 STAMP 模型在煤矿事故分析中的应用[J]. 系统工程理论与实践,2018,38(4):1069-1081.

[57]乔万冠,李新春,刘全龙. 基于改进 FRAM 模型的煤矿重大事故致因分析[J]. 煤矿安全,2019,50(2):249-252+256.

[58]Qiao W,Liu Q,Li X,et al. Using data mining techniques to analyze the influencing factor of unsafe behaviors in Chinese underground coal mines[J]. Resources Policy,2018(59):210-216.

附　录

附录 1-1　20 家煤矿初始归一化数据(2012 年)

DMU	安全管理投入（万元）	培训次数（次）	隐患数量（起）	中专以上人员数量（人）	事故起数	伤亡人数	安全产出（万元）	隐患处理率
杨柳煤业	0.2332	0.3871	0.6818	0.7159	1.0000	0.0956	0.3551	0.9032
朱仙庄煤矿	0.0000	0.9677	0.5728	0.2935	0.2898	0.0664	0.1243	1.0000
月亮田矿	0.0137	0.6129	0.9053	0.3574	1.0000	0.4434	0.0000	0.6452
山脚树煤矿	0.0849	0.9677	0.5730	0.2314	0.0767	0.0424	0.2179	0.6452
孟津煤矿	0.1012	0.5484	0.3691	0.5416	0.4318	0.4434	0.2233	0.6774
新安煤矿	0.1179	0.1613	0.4026	0.8158	0.7159	0.0664	0.5152	0.6774
白茇沟煤矿	0.1549	0.5484	0.4950	0.2144	0.1071	0.3569	0.3311	0.4194
王洼煤矿	0.1232	0.9032	0.7659	0.0449	0.2898	0.0051	0.2955	0.4516
柴里煤矿	0.8948	0.2903	0.8359	1.0000	0.1736	0.1778	1.0000	0.4839
王楼煤矿	0.2563	1.0000	1.0000	0.4746	0.4318	0.5615	0.2856	0.4839
忻州窑矿	1.0000	0.2903	0.1358	0.7382	0.1259	0.1068	0.9339	0.6774
岳城煤矿	0.4705	0.0000	0.0871	0.2265	0.0341	0.0000	0.4842	0.7097
硫磺沟煤矿	0.3948	0.0968	0.7890	0.6050	0.4318	0.2907	0.2650	0.0000
2130 煤矿	0.0458	0.1613	0.4629	0.2210	0.2045	0.1458	0.1187	0.4194
平沟煤矿	0.1644	0.2581	0.5156	0.4269	0.2045	0.3569	0.5662	0.5484
六家煤矿	0.4672	0.1613	0.6235	0.2867	0.1259	0.2384	0.5618	0.4516
桑树坪煤矿	0.2337	0.6129	0.1868	0.3511	0.3506	0.4434	0.4185	0.5484
白鹭煤矿	0.0367	0.6452	0.0000	0.0540	0.0909	0.0852	0.2010	0.4194
郭二庄煤矿	0.3207	0.3871	0.5142	0.0195	0.1071	0.3971	0.3576	0.7097
邢东矿	0.2793	0.0968	0.4903	0.0000	0.0000	1.0000	0.1483	0.4839

附录 1-2　20 家煤矿初始归一化数据(2013 年)

DMU	安全管理投入（万元）	培训次数（次）	隐患数量（起）	中专以上人员数量（人）	事故起数	伤亡人数	安全产出（万元）	隐患处理率
杨柳煤业	0.2756	0.4865	0.6717	0.6904	0.3846	0.3457	0.3506	0.9600
朱仙庄煤矿	0.0290	0.8919	0.5233	0.3141	0.7692	0.4149	0.1087	0.8800
月亮田矿	0.0000	0.6216	0.8108	0.3478	0.6044	0.3162	0.0000	0.9200
山脚树煤矿	0.0526	0.6757	0.6336	0.2413	0.0769	0.0764	0.2130	0.6400
孟津煤矿	0.1174	0.2703	0.3115	0.5191	0.3846	0.4561	0.2165	0.8400
新安煤矿	0.1367	0.3243	0.3292	0.8032	0.1099	0.3457	0.5154	0.8800
白茂沟煤矿	0.2326	0.3514	0.5727	0.2336	0.6044	0.6892	0.3441	0.3200
王洼煤矿	0.0904	0.6757	0.8734	0.0535	0.0481	0.0000	0.2909	0.4800
柴里煤矿	0.8818	0.3784	0.7564	1.0000	0.4808	0.3457	1.0000	0.4400
王楼煤矿	0.2341	1.0000	1.0000	0.4914	0.6044	0.6175	0.2979	0.6000
忻州窑矿	1.0000	0.1351	0.1127	0.7342	0.7692	0.0764	0.9512	0.7600
岳城煤矿	0.5289	0.0811	0.1856	0.2346	0.4808	0.1426	0.4913	1.0000
硫磺沟煤矿	0.3690	0.2973	0.6917	0.5971	0.1923	0.6175	0.2649	0.0000
2130 煤矿	0.0820	0.2973	0.5061	0.2458	0.3846	0.6175	0.1272	0.4000
平沟煤矿	0.1950	0.4054	0.6075	0.4139	1.0000	1.0000	0.5678	0.4800
六家煤矿	0.4740	0.1892	0.6465	0.3096	0.1923	0.1871	0.5705	0.6800
桑树坪煤矿	0.2111	0.7027	0.2654	0.3528	0.6044	0.1426	0.4160	0.3200
白鹭煤矿	0.0737	0.7568	0.0000	0.0628	0.1479	0.0859	0.1902	0.3600
郭二庄煤矿	0.2852	0.1892	0.4565	0.0315	0.3077	0.5027	0.3696	0.6800
邢东矿	0.2444	0.0000	0.4525	0.0000	0.0000	0.3784	0.1503	0.8800

附录 1-3　20 家煤矿初始归一化数据(2014 年)

DMU	安全管理投入（万元）	培训次数（次）	隐患数量（起）	中专以上人员数量（人）	事故起数	伤亡人数	安全产出（万元）	隐患处理率
杨柳煤业	0.3853	0.5278	0.8098	0.6902	0.2500	0.1473	0.3380	1.0000
朱仙庄煤矿	0.0027	0.7778	0.6593	0.3113	0.1000	0.2789	0.1014	0.8182
月亮田矿	0.0429	0.5833	0.7889	0.3310	0.1600	0.1828	0.0000	0.5455
山脚树煤矿	0.0000	0.9167	0.6710	0.2521	0.1273	0.0266	0.2192	0.8182
孟津煤矿	0.1493	0.2778	0.3047	0.4920	0.1273	0.1473	0.2290	0.4545
新安煤矿	0.2122	0.3611	0.3626	0.7983	0.7000	0.0266	0.4982	0.6364
白茂沟煤矿	0.1995	0.5000	0.6083	0.2182	0.0000	1.0000	0.3166	0.2273
王洼煤矿	0.0799	0.7222	0.8310	0.0639	0.2500	0.0000	0.2880	0.0455
柴里煤矿	0.7685	0.1944	0.7022	1.0000	0.0000	0.0920	1.0000	0.3182
王楼煤矿	0.0945	1.0000	1.0000	0.4878	0.7000	0.6323	0.3131	0.3636
忻州窑矿	1.0000	0.3333	0.1764	0.7099	0.5200	0.4342	0.9610	0.5909
岳城煤矿	0.3640	0.0000	0.2045	0.2466	0.2500	0.1042	0.4933	0.9545
硫磺沟煤矿	0.4497	0.3611	0.6692	0.5851	0.5200	0.1174	0.2520	0.0000
2130 煤矿	0.1559	0.0833	0.5777	0.2371	0.1273	0.2789	0.1240	0.0000
平沟煤矿	0.1809	0.3056	0.5774	0.4024	0.2000	0.4892	0.5778	0.3182
六家煤矿	0.5040	0.2500	0.5631	0.3218	0.1273	0.2258	0.5602	0.6818
桑树坪煤矿	0.0650	0.5833	0.2100	0.3328	0.0250	0.1828	0.4143	0.4545
白鹭煤矿	0.0259	0.6667	0.0000	0.0532	1.0000	0.1828	0.1888	0.3182
郭二庄煤矿	0.2677	0.3889	0.4869	0.0402	0.0571	0.2258	0.3693	0.6364
邢东矿	0.1257	0.1389	0.4239	0.0000	0.1000	0.4892	0.1552	0.5000

附录1-4　20家煤矿初始归一化数据(2015年)

DMU	安全管理投入（万元）	培训次数（次）	隐患数量（起）	中专以上人员数量（人）	事故起数	伤亡人数	安全产出（万元）	隐患处理率
杨柳煤业	0.3415	0.4595	0.7634	0.6764	0.0374	0.0627	0.3436	0.9000
朱仙庄煤矿	0.0000	0.6486	0.5254	0.3229	0.1176	0.0714	0.1062	0.9500
月亮田矿	0.0287	0.6757	0.7759	0.3293	0.0471	0.3247	0.0000	0.6500
山脚树煤矿	0.0429	0.6486	0.6713	0.2617	0.0588	0.0398	0.2244	0.9000
孟津煤矿	0.1568	0.4595	0.1285	0.4793	0.2941	0.2614	0.2268	0.3500
新安煤矿	0.1746	0.3784	0.4821	0.7736	0.0924	0.1265	0.5004	0.6500
白茨沟煤矿	0.2519	0.5135	0.7493	0.2064	0.0074	0.2614	0.3322	0.4500
王洼煤矿	0.0378	0.8378	0.7780	0.0842	0.0000	0.0000	0.3041	0.2000
柴里煤矿	0.6771	0.4595	1.0000	1.0000	0.0035	0.1018	1.0000	0.6000
王楼煤矿	0.1573	1.0000	0.9340	0.4752	0.0924	0.4091	0.3275	0.3500
忻州窑矿	1.0000	0.4595	0.3299	0.7026	0.0226	0.4628	0.9770	0.7000
岳城煤矿	0.5004	0.4054	0.2698	0.2428	0.0294	0.7045	0.5027	1.0000
硫磺沟煤矿	0.3322	0.2432	0.4912	0.5990	0.0735	0.8312	0.2591	0.0000
2130煤矿	0.1237	0.0000	0.6215	0.2350	0.2059	0.1405	0.1347	0.0000
平沟煤矿	0.2312	0.3514	0.6574	0.3763	0.2059	1.0000	0.5838	0.3000
六家煤矿	0.5374	0.3784	0.5941	0.3275	0.1176	0.0331	0.5728	0.4000
桑树坪煤矿	0.1312	0.6486	0.2922	0.3070	0.0374	0.3636	0.4230	0.0500
白鹭煤矿	0.0804	0.7297	0.0000	0.0543	0.0924	0.0714	0.2032	0.5000
郭二庄煤矿	0.2561	0.3514	0.2772	0.0252	0.1529	0.2614	0.3731	0.9500
邢东矿	0.1841	0.0541	0.5590	0.0000	0.0035	0.1914	0.1659	0.3000

附录 1-5　20 家煤矿初始归一化数据(2016 年)

DMU	安全管理投入(万元)	培训次数(次)	隐患数量(起)	中专以上人员数量(人)	事故起数	伤亡人数	安全产出(万元)	隐患处理率
杨柳煤业	0.3615	0.5814	0.5031	0.6849	0.1358	0.2296	0.3413	0.9200
朱仙庄煤矿	0.0000	0.6512	0.4887	0.3323	0.3333	0.1563	0.1046	1.0000
月亮田矿	0.0562	0.6279	0.8736	0.3264	0.2593	0.4934	0.0000	0.8400
山脚树煤矿	0.0796	0.6279	0.6096	0.2563	0.0196	0.0424	0.2124	0.7200
孟津煤矿	0.2477	0.3256	0.0000	0.5015	0.3333	0.4460	0.2044	0.6400
新安煤矿	0.2651	0.4884	0.4314	0.7898	0.2063	0.1563	0.5078	0.8000
白芨沟煤矿	0.3704	0.5116	0.8083	0.2191	0.0278	0.4460	0.3275	0.4400
王洼煤矿	0.0942	0.8837	0.7298	0.0977	0.1111	0.0000	0.2961	0.4000
柴里煤矿	0.8482	0.5814	0.9314	1.0000	0.0196	0.1725	1.0000	0.5600
王楼煤矿	0.2089	1.0000	1.0000	0.4808	1.0000	1.0000	0.3157	0.4400
忻州窑矿	1.0000	0.4186	0.4765	0.7125	0.2063	0.0695	0.9691	0.6400
岳城煤矿	0.5387	0.1395	0.3949	0.2585	0.0741	0.0509	0.5028	0.8800
硫磺沟煤矿	0.3209	0.5116	0.7056	0.6182	0.2593	0.3038	0.2547	0.0000
2130 煤矿	0.1349	0.1163	0.6532	0.2531	0.1667	0.3670	0.1293	0.2800
平沟煤矿	0.2915	0.3488	0.8216	0.3877	0.2593	0.4460	0.5653	0.5600
六家煤矿	0.5713	0.1163	0.3473	0.3464	0.2593	0.1725	0.5705	0.6400
桑树坪煤矿	0.2767	0.5349	0.0186	0.3223	0.1358	0.2520	0.4196	0.4000
白鹭煤矿	0.1327	0.6047	0.0159	0.0734	0.1667	0.1412	0.1969	0.5200
郭二庄煤矿	0.2394	0.4419	0.1448	0.0217	0.2593	0.4460	0.3672	0.9200
邢东矿	0.2134	0.0000	0.4312	0.0000	0.0000	0.4934	0.1470	0.8400

附录 1-6　20 家煤矿初始归一化数据（2017 年）

DMU	安全管理投入（万元）	培训次数（次）	隐患数量（起）	中专以上人员数量（人）	事故起数	伤亡人数	安全产出（万元）	隐患处理率
杨柳煤业	0.4194	0.4737	0.5876	0.6793	0.5556	0.2302	0.3441	1.0000
朱仙庄煤矿	0.0000	0.6579	0.4906	0.3145	1.0000	0.1569	0.0998	0.8182
月亮田矿	0.0756	0.4474	0.8511	0.3107	0.5556	0.4941	0.0000	0.7273
山脚树煤矿	0.1279	0.6842	0.6681	0.2494	0.1515	0.0429	0.2197	0.6364
孟津煤矿	0.2326	0.3158	0.0086	0.4871	0.7333	0.4467	0.2114	0.5455
新安煤矿	0.2836	0.2368	0.3124	0.8049	0.3333	0.1569	0.5115	0.9545
白芨沟煤矿	0.3742	0.3421	0.7192	0.2199	0.1111	0.4467	0.3351	0.2727
王洼煤矿	0.0566	0.6842	0.6681	0.0878	0.0000	0.0000	0.2898	0.4091
柴里煤矿	1.0000	0.3158	0.8884	1.0000	0.0476	0.1731	1.0000	0.5000
王楼煤矿	0.2487	1.0000	1.0000	0.4786	1.0000	1.0000	0.3056	0.2727
忻州窑矿	0.9189	0.1842	0.3382	0.7220	0.3333	0.0701	0.9638	0.5909
岳城煤矿	0.3834	0.1316	0.3579	0.2492	0.5556	0.0515	0.4934	0.7273
硫磺沟煤矿	0.3571	0.2632	0.5949	0.6230	0.1515	0.3044	0.2568	0.0000
2130 煤矿	0.1601	0.0789	0.6270	0.2502	0.2000	0.3676	0.1277	0.3182
平沟煤矿	0.3880	0.2368	0.7282	0.3955	0.3333	0.4467	0.5635	0.6818
六家煤矿	0.6108	0.1316	0.3913	0.3463	0.0476	0.1731	0.5635	0.4545
桑树坪煤矿	0.3641	0.5263	0.0929	0.3075	0.1111	0.2527	0.4085	0.1364
白鹭煤矿	0.1538	0.5789	0.0000	0.0545	0.0476	0.1418	0.1911	0.5455
郭二庄煤矿	0.2637	0.1842	0.2778	0.0225	0.1515	0.4467	0.3724	0.8182
邢东矿	0.1850	0.0000	0.5025	0.0000	0.0769	0.4941	0.1398	0.2727